编委会

指导单位：

中国人生科学学会

编著单位：

中国人生科学学会生命科学情绪能量专业委员会

顾问：

关山越　中国人生科学学会会长

陶　然　联合国生态生命科学院院士

编委会主任：

姬　恒　中国人生科学学会副会长

编委会副主任：

杨　光　中国人生科学学会生命科学情绪能量专业委员会副主任

主　编：

欧阳晶文　中国人生科学学会生命科学情绪能量专业委员会主任

副主编：

倪美华　中国人生科学学会生命科学情绪能量专业委员会副主任

朱　俊　上海意和四元生命健康管理机构首席健康管理师

《 提 升 生 命 正 能 量 》 丛 书 系 列

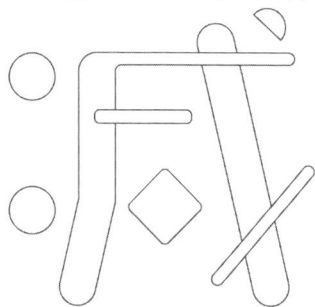

减压师
初级教程

1

理 论 篇

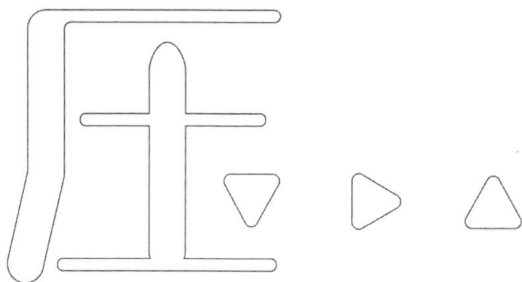

欧阳晶文
▲
朱 俊 ——

著

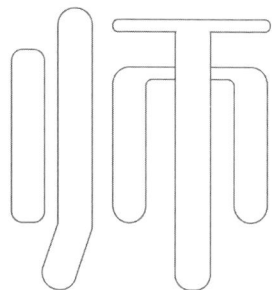

中国青年出版社

图书在版编目（CIP）数据

减压师初级教程. 理论篇 / 欧阳晶文，朱俊
著. --北京：中国青年出版社，2018. 9
ISBN：978-7-5153-5305-0

I. ①减… II. ①欧…②朱… III. ①压抑(心理学)
－教材　IV. ①B842.6

中国版本图书馆CIP数据核字（2018）第208888号

减压师初级教程——理论篇
作　　者：欧阳晶文　朱俊
责任编辑：吕娜

出版发行：中国青年出版社
经　　销：新华书店
印　　刷：北京柏力行彩印有限公司
开　　本：670×970 1/32 开
版　　次：2018年9月北京第1版　2018年9月北京第1次印刷
印　　张：7. 625
字　　数：206千字
定　　价：59.00元
中国青年出版社 网址：www.cyp.com.cn
地址：北京市东城区东四12条21号
电话：010-57350346（编辑部）；010-57350370（门市）

推荐序　以生命情绪能量的提升助推人生幸福

人生科学是一门古老而常新的科学。凡有人，必有人生。相比较于其它的科学门类，人生科学被更加深刻地孕育和潜含在诸学问之中，更加广袤地作用在所有人的从生到老、工作学习生活、心身灵精气神中。

在新时代，在习近平中国特色社会主义思想指导下，继往开来中的中国人生科学，正借助人的心理、生理和社会发展研究，帮助现实中的每个人正确认识和设计人生，切实创造和奉献人生，有效成就和圆满人生。

"正能量"是个很温馨的词语，指的是一种积极向上、健康乐观、朝气蓬勃的动力、情感和状态。在习总书记历次对新闻宣传媒体等单位的视察调研中，"主旋律"和"正能量"就是最重要的两大关键词。当今，"正能量"已经成为一个充满象征意义的符号，对应着社会生活中积极正面的行为，延伸为一切予人向上、使人不断追求、让梦想变成现实、让生活变得圆满幸福的事物。

在新时代，人们常把积极的、健康的、催人奋进的、给人力量的、充满希望光明的人和事，冠以"正能量"的标签。它表达着我们的渴望，承载着我们的期待，激荡着我们的情怀，蕴涵着人们积极向上的世界观、人生观和价值观。

抱持着研究人生现象、指导人生实践、促进人生幸福的宗旨，中国人生科学学会近年来精心策划并主办了提升生命正能量暨减压师、情绪能量调节师专业能力培训，具体由学会生命科学情绪能量专业委员会来负责实施和管理。

由学会生命科学情绪能量专业委员会主任欧阳晶文女士主编的《提升生命正能量》主题系列丛书，应当说恰逢其时。其中，《减压师初级教程——理论篇》《减压师初级教程——实操技能篇》《减压师初级教程——训练及作业篇》三本书即将出版，之后还将陆续出版《减压师中级教程》《减压师高级教程》以及《情绪能量调解师》相关的系列教程。这一系列丛书的出版将促进生命情绪能量研究，更加深化人生科学系列研究的内涵。

欧阳晶文主任长期致力于人生科学、生命科学情绪能量课题的研究、推广和实践工作，由云南人民出版社出版的《穿越极限就在弹指间》，由人民日报出版社出版的《婚姻是一场美丽的修行》，均取得不错的反响。

希望欧阳晶文主任能够在《提升生命正能量》系列丛书及培训中继续取得更为丰硕的成果，也相信读者能从中获得非凡的教益。

是为序。

中国人生科学学会会长　关山越

2018 年 6 月 24 日于北京

目　录

内容介绍

　　本书是《提升生命正能量》丛书中针对减压师能力培训的初级内容，包括理论、实操技能、案例、练习四部分。内容主要包括压力的类别、压力对个体和社会的影响、压力级别的检测手段和具体解决方法。作为初级减压师培训教材，本书的内容深入浅出，注重理论结合实际，方法科学有效且相对易于掌握。为通过培训，为初级减压师能够科学系统地了解压力的基本规律，并较好地达成"助己"，即有效进行自身减压，打下坚实的理论基础。

　　压力问题是全球性问题，也是当今社会急需解决的问题。它阻碍个体的身心健康，影响儿童及青少年学习成长，破坏人际关系、事业发展、财富积累，甚至危害生命安全。同时，它还阻碍家庭和睦和组织和谐，是整个社会安定、可持续发展的重大隐患。当前，普及科学有效、系统健康的减压理论和实操方法，储备高职业素养的专业减压师人才，是解决现实社会压力问题的重要而紧迫的需求。本丛书从当下社会刚需入手，结合了相关前沿科学理论，尤其是包含了许多快速高效、立竿见影的原创性科学减压方法和方案，注重理论与实操的可行性、有效性紧密结合，行文浅显易懂、深入浅出，图文并茂，生动易读。为培养掌握初级减压理论与职业技能的从业人员，满足有相关需求的社会大众，提供专业性与科普性、理论性与实操性兼顾的指导蓝本。使之能较好地掌握减压的"自助"原理和技能，达到减压的目标。

第 一 章

压力形成的类别 ▸

压力是当今的全球性问题，具有极大的普遍性。它跨越了时间与空间，在不同性别、年龄、职业、民族、文化习俗、社会文明发展程度等条件下，在个体的内部世界，物质和精神方面，以及各群体之间，都广泛存在着，是人们现实生活中必须要面对的人生课题。关于压力的原理、压力对人身心状态的影响，以及解决压力的方法和途径，在心理学、中西医学、哲学及文化界，素来有长期、丰富的探索研究和实践，为现实中指导不同社会领域，不同行业、不同年龄段的个体提供了科学依据及减压的技能与方法。在快节奏、高压力、竞争激烈的全球背景下，各种压力导致的情绪不平衡，诸如紧张、焦虑乃至绝望等，都在人们内心蔓延，逐步吞噬人的生命动力，消耗人的体能与精神，成为健康的隐患。进而破坏人与人之间的和谐关系，激化家庭、家族、社会组织之间，甚至国家和民族之间的矛盾与冲突。

本书所指的压力，包括来自身心方面的主观压力感受（这里的"主观"既包括压力感受的个体本身，也包括由各不同个体主观经验过程中累积并形成的群体主观压力感受），是在外部世界多种复杂刺激条件的共同作用下，人的身心系统，包括身体、情绪、思维意识、生命体能量状态及精神动力等方面产生紧迫感、压抑感、负重感、匮乏感的综合体验结果。压力既有公共普遍性，又有个体差异性。由于个体自身的先天体质、成长教育经历、家庭和社会文化熏陶、性格和人格特质、各种心理反应模式及习惯、自身深层价值观和人生观等不同，相同的外部刺激条件下，不同个体对压力的主观感受，包括程度、深度、持续性、承受能力和对身心的影响会有所不同。例如，面临相同的体力体能的挑战，有的人会因为身体素质差而难以承受，而有人则会因为巨大的心理负担而不堪重负。备受社会广泛关注的"路怒族"现象，则是由于交通拥堵、道路资源稀缺、时间紧迫，以及各种其他现实状况的综合压力下，人自身失去情绪平衡，导致理智无法驾驭情绪、思维和行动而产生的综合行为结果。再比如，心理学研究中曾经有相当有趣的发现，人们时常会为尚未发生的事件的负面结果担忧，而事实上，有90%的担忧对象及情境后来被证明并未真实发生。然而，这种心理给人们造成巨大的压力和困扰的现象极具普遍性。甚至干扰当下的行动力，产生对过往和当下的自我效能、自我价值感的过低评价，导致自信与勇气的缺失。

压力是现实存在的，是人在自然环境和社会环境中生存的客观产物。当然，压力并非只有"坏处"。每个人都需要经历或承担一些压力，才能激发其主观能动性和斗志，锤炼人的意志力，将压力转化为突破和前进的动力。然而，即便是处于理想中的"一切皆备"的"无压力"的状态，人依然会因为"无目标"而产生空虚感，或因本能的"不配感"而产生恐慌忧虑、矛盾焦灼等感受。所有这些都会让人感受到压力。

关于压力的来源，不同体系都有各自的视角和丰富的论证。为更简洁、明晰，更贴近生活现实，本书将基于对现实生活和不同理论观点的综合考量，将压力的来源划分为四个主要类型。它们是主观体验中最常规，矛盾激化频次最高，产生负面影响最多，解决需求最迫切的五大主要压力来源。即：身体的压力、心灵的压力、社会关系的压力、源自财务的压力和工作的压力。

一、身体的压力

压力是个体的身心系统整体的主观感受。现实中，来自身体承受力不足而导致的压力感有许多种类。例如：由于超负荷的工作而导致体力体能失衡或透支，由于睡眠不足或休息调整不充分导致身体各系统运行效能下降，认知、记忆、思维反应及情绪平衡能力下降等，都属于源于身体形成的压力感受。具体包括以下四个主要方面。

1. 体能超负荷和用脑过度

人体在完成特定工作的过程中，身体物质系统的协同运作、情绪情感和精神思维活动的运作、信息和能量的调配等，都完整地参与其中，并协同工作。因此，无论是单纯的超负荷纯体力工作、体力脑力复合型工作，还是纯脑力劳动型工作，都是对个体整体身心承载力的考验。当任务量超过人体平衡调节的承载范围时，压力就产生了。

一般来说，特定的压力下，人的身心资源的调用能力和各项生理心理机制的协同运作能力会被激发出来，直接体现为实际工作绩效或成果的增长。例如，在日常考核、竞争等制度推进下，往往会创造出超乎平常的成绩和成果。然而，长时间超负荷状态下，身心活动的效能水平会逐步下降，工作学习的效能也会随之下降。具体数值的变化规律和节奏，与个体当下的身心特质和先天基础有密切的关联，不同个体之间可能存在着巨大的差异。当压力对身心平衡造成的负面影响累积到一定程度，就会导致各种身心问题。严重的会影响健康，破坏人际关系，甚至威胁生命安全。例如，连续高强度工作或从事某一活动超过几十个小时，会造成心脑血管等组织器官极度疲乏，甚至引发猝死。

人的身心系统具有与生俱来的自我调节、自动平衡、自动提示警报的能力。当身体承载的压力在时间和强度上累积到产生威胁的时候，身体会自动产生各种信号，提醒我们身体需要休息调整和修复了。这种提示机制是与生俱来的，是人体基本的自我保护和自我平衡机制之一。例如，长时间用脑、长时间用眼、长时间保持某个姿势或进行某种活动，会引起疲惫、肌肉昏沉；注意力、记忆力、反应力下降；食欲、睡眠及性机能等生物节律紊乱、异常等。这些都是身体发出相应信号，告知我们要开始注意自我调适，及时采取适当措施减缓压力或补充体能体力。

这方面的案例很多。除了因竞争压力大而容易发生过劳现象的成人外，最值得引起关注的是处于成长阶段，生理心理发育尚不完善的儿童及青少年人群。由于社会文化、公共价值观，以及资源稀缺性等造成的普遍性竞争，压力被不断提前转嫁给了越来越小的未来一代。青少年自身身心功能尚不健全，适应压力和承载压力的能力相对较弱，繁重的学业压力正不断考验着家长和孩子。许多孩子小小年纪便背负着父母、家庭乃至家族寄予的希望，承担着无形却又像大山般沉重的压力。近年来，不断发生青少年因不堪学业和考试重负而轻生的案例，让人扼腕痛心，引起整个社会的反思。队了心理压力外，由于长时间学习、训练、睡眠严重不足等源自身体方面的压力是最重大的隐患。在2014年《教育蓝皮书》中，21 世纪教育研究院的一项全国中小学生自杀调研分析表明，被调查的 79 个自杀案例中，有 27 例留下了遗书。这些遗书中就有"之前我一度达到崩溃边缘，这次我再也忍不下去了""太累了""很累了""去一个没有疼痛的世界"这样令人潸然的话。长时间、高强度的学习让幼小的身躯不堪重负，甚至选择终结生命来寻求解脱。

许多学生长时期被剥夺睡眠时间，平均每天睡眠时间不足 6 小时，引发身体素质下降、情绪容易失控、身心调节能力下降、体能体力透支匮乏。加上超负荷的作业量，导致生理、心理双重崩溃，从而丧失生存意志。即便对于已经迈入成年，体能和心智相对成熟完善的大学生来说，依然面临来自身体的压力考验。青年新闻网站（The Tab）对北美大学各专业学生的睡眠统计数据表明，美国大学生睡眠不足。其中建筑专业学生熬夜最多，平均睡眠时间只有 5.28 小时，近 80% 的学生至少有 1 次在课堂上睡着。上课睡着过的学生平均比例为 55%。各专业学生睡眠时间由短到长排名依次为：护理（5.69 小时）、生物化学（5.69 小时）、创意写作（5.75 小时）、生态学（5.75 小时）、语言学（5.88 小时）等。排名前 9 位的专业的学生睡眠时间均低于 6 小时。为此，有专家提出改革建议，取消上午 9 点的早课，以确保学生有足够的睡眠，以更佳状态投入高效学习。

对于来自身体的压力，一方面要注意观察压力状态下人的身心系统产生的自然反应，及时关注身体的警报提示讯息，采取适当有效的减压调试。还要从客观条件出发，在了解个体先天后天身体素质和承载能力的基础上，找到恰当的工作或学习任务当量。既不超负荷过载，又能正好激发人的能力。另一方面，要针对不同个体及群体，采用有效手段提升身体素质和承压能力，提高工作学习效能，从而达成绩效目标。

2. 感官感知通路过载

人的主要生理感官感知通路包括视觉、听觉、嗅觉、味觉、体觉（触觉、痛觉、温度觉、压力觉、本体感觉、平衡觉、内脏感觉等），也包括常见的如直觉等其他特殊感官感知通路。本章对后者暂不加以讨论。

人体感官的感知过程，是客观世界的各种刺激通过人体身心系统先天具备的复杂转换，将外部信息转换为个体实际经验感受的过程。由于不同个体的先天基础和后天经历有很大的差异，在人体感官感知系统不断积累经验的过程中，身心系统会不断自动做出适应性调整，逐步形成具有鲜明的个体独特性，形成差异化的身心综合应激模式，从而对客观世界有截然不同的感受、认知和应对。

通常情况下，为确保高效达成目标，充分了解个体各种感知感官能力，将其与具体工作的性质和要求相匹配，是减少工作压力，有效发挥和激发个体客观优势的好途径。例如，一个先天视觉反应非常敏锐的人通常具备较好地完成对视觉要求高的工作任务的潜质，例如飞行员、射击运动员等。同样是视觉范畴，对色彩敏感度高的人通常能较好地完成视觉设计创意、美术美工等方面的工作。而具备听觉特长优势者，适合音乐、声音疗愈等方面的职业。嗅觉极其敏锐的人能胜任调香师、香艺师等职业。味觉敏锐者能担当美食评论家、烹饪师、品酒师等等。相反，很难想象一个本体感觉差、平衡觉不佳的人能成为优秀的体操运动员，听觉不敏锐的人能成为优秀的音乐家，或者让一个嗅觉不灵敏的人担任芳香鉴定师。这些都是个体感官感知能力与实际工作任务不匹配所导致的胜任力不足的例子，对处于其中的个体或群体而言，自然只是徒增压力。

同样，若外部刺激超过了个体的某种或某些感官感知信号的承载力，产生信息过载，也会造成个体的主观压力感受增加。例如，让一个听觉感受敏锐的人长时间暴露在嘈杂的声场中，让一个平衡觉非常灵敏的人长时间处于动荡不定的场所（晃动的车厢、摇摆的船只等），让一个嗅觉敏锐者长时间处于刺激性气味强的环境中。这时，个体生理机制时时处于敏锐接受外部超强刺激状态，对过载的刺激条件会进行比常人更多的分析、回应和校正，试图恢复平衡态。在这个过程中，其神经系统、心血管、内分泌乃至呼吸、免疫、消化等系统会超负荷运作，从而使身心整体产生过大的压力感受。因此不难理解，对于痛觉阈值低的敏感者（比一般人更怕痛的人）来说，在经历相同程度的痛觉刺激时，会承受超越常人的生理、心理双重压力。

在现实生活中，除了感知感官过载外，上述原理同样适用于理解和化解其他以生理为基础的特质差异引起的个体压力感受增强的问题。例如，相对一位体能和耐力较强者而言，一个体能和耐力较弱者承担大活动量、高密集、长跨度的工作任务，会面临和承受更大的压力，会影响工作实施进程、质量达标和目标达成。又如，家长对孩子兴趣爱好的培养，常常带有盲目性。许多家长因缺乏对孩子先天特质和禀赋的充分了解，仅仅出于自己的价值观和目的，让孩子选择并不适合自身发展的学习项目。这为孩子增加了压力，损害了孩子的身心健康，折损了孩子对学习的热情和主动性，降低孩子的学习兴趣和探索欲望，从而影响到孩子的身心成长和未来发展。根据"人的智力优势类别"理论，不同的人具备的先天智能优势和潜质可能存在极大差异。让一个具备音乐 - 节奏智能优势而不具备身体动觉智能优势的孩子从事高强度的运动竞技类活动，往往会让其身心压力倍增，同时还可能错过发掘先天音乐禀赋的时机，浪费才能。如今，社会普遍存在的竞争意识影响下的价值观所导致的唯恐落后心理，使许多孩子在文化课学习、兴趣爱好学习、专业职业技能学习培养、职业生涯规划等各方面，都存在着盲目性。因为对自身和客观目标欠了解，导致学习和择业与自己的实际情况不匹配，引起过度的压力感受。这既是社会发展进程中必然发生的现实，同时更是社会资源有限的情况下，不合理匹配现状为整个社会带来的压力来源，是不同社会文化及体制下都存在的，极需反思和化解的社会矛盾。

3. 自身调节能力、平衡能力不足

人体身心系统的功能状态、应激水平和生理节律等，都随着与外界的互动而实时变化。其中一些是有规律的、有序发生的，也是易发觉、易掌握的，而另一些则是因为自身承载力下降或压力超过负荷，身心失调失衡、难以恢复平衡态而产生的无序波动，导致个体表现或发挥不稳定。早在 19 世纪，医学和心理学界便发现，人的体力、情绪和智力会随自然时空的变化，呈现出以 28~33

天为一个周期的、较规律的波动变化，这是生物节律性的体现。这样的规律具有极大的广谱性，几乎每个个体都会在一个月左右的时段中存在体力体能的高峰和低谷状态，情绪的高峰和低谷状态，以及智力高峰和低谷状态。这是人体系统应对自然界节律变化而与生俱来的、本能性的调节能力。即使是在一天 24 小时中，人体也存在专注力、兴奋度、反应力、认知力、情绪、体能等方面的高峰和低谷的变化规律。根据这个规律，越来越多的相关研究和现实应运而生。在企业管理、教育、医疗卫生、社会公共管理及制度建设等方面，这些规律都被广泛地认知和应用。一些社会组织利用这个规律来安排作息时间。例如，美国内华达大学有专家调研数百名学生作息规律后提出，根据大学生生物钟特点，学生通常在 11：00 至 21：30 之间身心处于最佳状态，学习效率最高，据此提出取消北美大学 9 点早课的建议。同样，国内也有类似案例。某中学教育工作者研究后决定，将早自习时间推迟 1 小时，后续所有课程顺延 1 小时。这项措施效果显著，学生的学习效率和学习成绩均有较大幅的提升。可想而知，若相同的压力事件，如考试、竞赛等，恰逢个体处于体力情绪或智力水平相对低谷期时，压力感受势必会增强许多。这些典型的例子，都是在遇到现实问题时，经过科学研究来提升对人体客观规律的认知，从而对制度设置做出调整，有效缓解工作及学习压力，提升效能效率。

　　除了普遍人群的生物节律规律外，不同体质、情绪特质、心理应激模式及行为模式的个体，后天习得经验、知识技能储备不同的个体，对压力的自我调节、自我平衡水平也截然不同。而对于同一个体而言，在平常状态下能稳定地发挥高水平，而在面临较大压力的情况下，可能会有截然不同的效果，曾经有位世界冠军级射击选手，在连续获得9轮领先的情况下，最后一发失利，竟击中旁边选手的靶子。这是极端压力情境下自身失衡的经典案例。又如，不少新上路的司机遇到紧急情况时，可能会将油门当刹车踩而酿成惨祸。

　　人的身体系统的自我调节和平衡能力往往受心理自平衡能力的极大影响。人的各项生理功能的稳定和效能，在不同的心理状态下可能会发生极大的改变。美国心数研究所（Heart Math Institute）的科学家们经过长期研究发现，当人处于极端负面情绪，如焦虑、恐慌、沮丧、绝望等状态时，会直接影响人体的呼吸、心率及血压的稳定性，使自主神经系统和各大生理系统偏离平衡和谐的状态，心率变异性（HRV）水平下降，远离身心和谐态（psychophysiological coherence），引起包括体能、专注力、反应力、记忆力在内的整体精神状态水平下降，从而大大影响绩效水平。

一项美国教育部关于学生考试焦虑和考试压力的调研表明，在压力状态下，学生的焦虑、恐慌等负面情绪压力会导致成绩平均下降15%。相反，当人处于正向积极的情绪，如平和、欣赏、感恩、宽容、有爱的状态下时，包括呼吸、心率、血压等各项生理指标将更理想，心率变异性、身心和谐度水平显著提升，从而能大大提升人的抗压能力、内心的安定感和由衷的幸福感。

4. 外界有毒有害物摄入过量，自然环境不利于个体生理平衡

人生存在自然环境中，会在不经意间自动自发地实时进行自我防御、维护、调节和平衡，以避免来自外界的威胁和伤害。例如，呼吸系统会自动防止外界尘埃的侵入，并将身体不需要的废气排出；皮肤系统在不断阻挡外界物质伤害的同时，通过毛孔将体内废物代谢出去，同时调控体内温度使其保持相对稳定；免疫系统时刻警备，对抗入侵的微生物；肝脏每天为身体化解多达500多种毒素；肾脏每天将血液过滤48遍，并通过尿液排出人体不需要的和有毒有害的物质……除此之外，鲜为人知的是，人体日常产生的大量情绪负能量，从外界获得的大量冗余信息等非物质性负担，人体也有与生俱来的、与之相应的调节、代谢和转化能力。

人体是一个复杂而智能的自组织、自平衡巨系统，我们在自然界能够生存和繁衍，时刻离不开各项身心功能的正常运行。然而，社会发展的不平衡性，经常使个体的身体不堪重负，"压力山大"。当自然或人为的存在超越人体系统自我平衡、调节和修复力时，个体会面临生理和心理压力的挑战。例如环境污染，包括空气、水质及食物污染等，强光、噪音、异味、电磁辐射甚至核辐射等污染，以及药物、化工类产品等有毒有害污染物等等，都在生活环境中不断地蔓延，威胁着人体健康。这些客观存在的问题，逐步引起人们反思和重视，并做出相应的调整，但同时引发的心理压力及恐慌也日益增加。面临生存环境恶化的问题时，人们往往在重压之下选择躲避、逃离，常常陷入哀怨、悲伤、抱怨、绝望的心理状态，进而引发对自身未来，乃至对人类文明发展的未来丧失信心。这些都是由外部环境引发身心压力的种种表现。除此以外，由于环境转换，对自然环境及人文环境不适应，也会使身体产生自我调节和自我平衡的压力。例如，南方人到北方，冬天里皮肤系统会因干燥和寒冷的压力而出现各种问题。有趣的是，很多北方人到南方生活，会感觉无法承受南方的寒冷，除了生活习惯和条件上的差异外，还因为适应不了空气湿度带来的不同温差感受。除此外，各地饮食作息、公共交通、社会交往、文化习俗等都存在很大差异。迁徙他乡甚至在国外长期生活的人，有很多会因为无法适应饮食习惯、文化风俗而产生巨大的、甚至无法逾越的压力感受。在跨国企业外派员工管理中，这素来是一个棘手的难题。每年因此造成的经济损失也是极大的。因此，无论是在生活中还是在工作中，了解不同个体的生理、心理差异，了解他们面对压力的自我调节、适应和转化能力水平，并加以科学、合理的对位和匹配，掌握科学、高效的手段，有效提升个体乃至群体的抗压能力，或称为"应对压力的承载能力"，是现代社会压力管理中极为重要的思路和实践的路标。

二、心灵的压力

更容易被感知和重视的压力，往往是源自心灵方面的。心灵的压力是心理学、行为科学、教育学、管理学等领域长期深入研究、努力寻找应对方式的重要课题，是化解心灵压力的具体途径的出发点和目标。然而，人类的身心系统构架决定了，生理和心理，身体和情绪、言语和行为、精神和思维、能量状态等各方面是密切配合、整体协调的，它们相互影响、共同应对并参与和外界万物交互的过程。因此本篇由此开始要着重探讨的主要是源自各种心理意识、认知精神层面的因素引发的个体和群体的主观压力感受。其根源或类型主要包括自我认知水平、自身心理调节能力、对未来不确定性的考量，以及源于心灵深处生命内核的追求等方面。

1. 自我认知水平

从呱呱坠地、独立呼吸以后，人便开始了各方面的自我认知。在婴幼儿成长的不同阶段，人对自我的认知会逐步发展，并在与周边环境中的人事物和各种关系互动过程中逐渐建立起"自我"的概念。包括在所建立的各种群体关系中对自身独特性、独立性和独异性的概念范畴的界定。例如，在家庭及家族关系中的自我角色，包括子女、子孙后辈、父母、长辈、亲友等。在社会组织中的自我角色，包括学生、师长、同学、领导、下属、同事、事业伙伴等。在各种社会交往互动中的自我身份角色，包括邻里、朋友、各类服务和被服务者，各种因共同价值观、客观群体或集体的自然和社会属性因素而形成的自我角色，例如：江苏人、中国人、观众、投资人、消费者、80后、网民、虚拟团队及组织成员，等等。在逐步以特定独立身份参与各种现实社会的互动过程中，人会逐渐形成对该身份角色的定位、相对整体或集群身份而言的差异和联系、自身的责权利、以自身角色在关系互动中所付出的情绪情感、思维活动及实际行动，以及在承担和行使该身份角色过程中所受到的相应的各种生理、心理层面的物质、信息和能量的回馈。

人是群体性的。在各种群体关系中，为确保自身获得相对稳定、安全、可靠的生理和心理的动态平衡，会在不断地互动中通过外界的反应对自身角色状态进行认知学习、对比分析和判断，并做出调整和改进。每个个体在不同生命阶段，身处不同的自然环境文化背景和群体关系中时，不同的价值观、舆论和意识导向、思维方式和生活习性等因素都会同时存在，会给个体带来心理上的矛盾冲突，并由此带来心理压力。这样的压力往往是由于对自身角色认知不清晰，在非理性、非全面认知基础上产生低自我评价，特定生命阶段中目标缺失，多元选择性心理冲突和角色冲突等。

事实上，有许多压力并不一定客观存在，往往是人在面临压力时，在诸如恐慌、焦虑等情绪带动下，结合各种思维和行为习惯而最终形成的。许多心理建设尚不完善的青少年，往往对自己的优劣势了解不充分，盲目地设置和追求不符合自身特点，甚至不切实际的目标，给自己造成许多不必要的压力。世界经济合作组织（OECD）在一项对全球 72 个国家 15 岁学生的抽样调研中发现，有 89% 的学生想在各门课中都拿高分，希望能在重重竞争中脱颖而出，因此"压力山大"。更常见的是，经常有人将自己或亲近的人，如子女、配偶、父母、好友等，与看似对等却并非如此的他人进行不必要的类比，从而做出不理智的负面评价，或抱有不切实际的"殷切期望"，使自己或对方产生不必要的压力感受和不良心态、不平衡的情绪和心理状态。现代社会常见的"羡慕妒恨"、仇富、抱怨、攀比、虚荣、自卑等心理不平衡和压力感受，究其根本，一方面源自对我认知的不完善，另一方面则源自与其他个体或群体做不必要的比较。比外貌、财富、权力、社会地位，甚至非个人范畴的其他关联性对象，例如比家庭、家族、学校、企业、民族、社会阶层、不同年龄段、文化圈、职业圈、朋友圈及各种虚拟人群圈，等等。由此引发的压力和后续效应错综复杂，成为人们的心理负担，甚至成为群体乃至民族、社会健康发展和共融的隐患和阻碍。

因此，只有清晰地洞悉这些心理压力的根源，时刻清晰认识自己的身心特质和优劣势，明确自己承担的社会角色的意义和定位，以及如何与其他个体和群体保持和谐理智、正向有效的互动，并不断完善自己的价值观，清晰自己的人生目标和生命意义，才能让生命的能量、能力和精力聚焦，减少无谓的损耗，进而释放自身的心理压力，高品质地完成各种社会角色担当。

2. 自身心理调节能力

在每个个体的生命成长过程中，自身的心理建设与成长是一个逐步展开和完善的过程。这期间经历生命中不同阶段、不同的外部刺激、反馈和历练等过程。同时，自身内部世界也不断经历着接受、积压、认知、消化、转化、提升等波动起伏、循环往复的成长和成熟的过程。自身的心理调节能力随之得以不断地孕育、培养和提高。通常情况下，这种能力的培养和成就过程，在不同年龄阶段有不同的、鲜明的特质。例如，在儿童和青少年阶段，经历的社会关系相对单纯，知识架构、价值观、行为规范等建立尚不完善、不全面，应对外部刺激条件的心理应对和转化调节的经验水平相对欠缺。在这个阶段，单纯的思维方式和人与生俱来的坦诚真实，一方面使自身以更开放的内心与外部世界互动，同时又会因自身的心理建设尚不完善而产生各种压力，产生不同程度的挫败感、低自我评价、自卑、甚至情感枯竭、悲观、厌世等负面感受。同时也会不断地在正向反馈中建立安全感、自信、勇气、正确的自我评价和认知、自我角色定位、责任感，乃至理想、人生目标、甚至生命意义和使命感等。每个个体都在这样起起伏伏的过程中不断提升自我心理调节能力。然而，在自然成长过程中，人必然会经历各种正向和负向的体验，在不断的自我探索和经历中逐步积累经验与能力。现代生命整体科学和心理学研究发现，当个体心理功能尚未完善、自我心理调节能力尚不完备时，在过于简单、真实和开放的心理模式下应对外界互动的过程中，接收到始料未及的、超过自身承载和转化能力的负面反馈信息时（如言语评价，表情、肢体语言和行为等），极易受到心理创伤，并留下阴影，成为心理印记。在后来的成长过程中，随着心理转化和调节能力的提升，意识的逐步拓展、经验的不断累积，个体对以往的一些印记可能会逐步梳理、疏通与修缮，但仍有大量印记保留下来，成为一种"未尽事件"和日后生命中的一种"心理暗礁"，限制个体在该外界刺激条件下的心智成长和成熟，以及合理应激模式的构建，从而导致个体心理年龄迟滞发展或不成熟。在现实生活中，个体若存在这样的心理创伤，如果再度遭遇外界类似的刺激，可能引发较强烈的生理及心理的旧有应激反应，产生类似过往的情绪、言语、表情、行为等应激特征，并如同旧伤复发般地陷入深深的痛苦中。像计算机程序遭遇病毒后进入死循环一样久久难以自拔。这种现象具有极大的普遍性。由于这类心理创伤大量发生在人的低幼龄时期，这时候人通常还不具备较强的长期记忆能力。在成长过程中，出于本能的自我保护，早期的深度心理创伤很可能被深深封存在人的深层潜意识中，以避免受到频繁刺激而导致重复的痛苦感受。基于这两种机制的共同作用，人们往往会无法回忆起自己某种心理创伤的原发点、具体事件、场景和相关人物。这样，就形成了自我了解的盲区，对现实生活中的学习成长、人际关系构建、婚姻家庭组建、事业发展等构成心理应激的隐患和潜在危险。如同在看似平静水面下的暗礁，一旦触及，便可能会引发强烈的、不可预料和不可理解的身心反应。唯有追根溯源，真正了解和明白这段生命过程对个体成长的意义，突破原有意识的局限、提升思维的格局，才能真正修缮抚平内心的创伤，完成心智的进步、成长与蜕变。从而提升自我心理调节的能力，真正提升对这类心理压力的承载和适应能力。

3. 对未来不确定性的考量

古训云，人无远虑，必有近忧。自古以来，人类靠个体身心的适应力和群体优势互补，不断克服自然和人为的困难，才得以生存繁衍至今。虽然当今绝大多数人都具备足够的物质条件和知识储备，以确保自身的生存。然而，亘古以来，人类经历过的各种遭遇体验遗留下的惨痛经验，深深留存于人类集体潜意识中，并一代代传递着对未来的忧虑和恐慌，如同精神 DNA 般被传承了数十万年至今。所以，无论是家庭教育体系还是社会教育体系，在培养下一代的过程中，都潜移默化地教授预测未来不确定性的能力，以及防御防范的意识、方法和技能。同时，也不可避免地导致人们对未来不确定性的恐惧、焦虑等无形的压力。这样的心理预期和模式被反复强化，会根植于思维意识和内心。形成惯有模式后，人们往往会在压力作用下，对未来产生偏离现实，甚至远远超出客观真相的负面情绪，并由此产生各种忧虑、紧张和恐慌。对未来发展的负面担忧充斥在脑海中，久而久之形成固化，甚至僵化的思维模式，导致意识狭隘，情绪状态消极，并伴有低自我评价、悲观绝望的念头，有放弃努力和机遇、甚至放弃生命的行为。心理学家曾做一项试验，组织一些对未来严重担忧者，让他们写下担忧的具体事件和自己预测的后果。过后再核对时却发现，90% 的担忧是徒劳和毫无根据的，而因此耗费的精力，承受的负面压力和情绪感受，日日夜夜在煎熬他们的内心，侵占他们的思维，降低了工作效率，磨灭了自信心和积极性，破坏了人际交往、事业发展、家庭关系和情感建设。据统计，全球大约有 70% 以上的人不同程度地有对未来不确定性的焦虑和担忧，并由此产生沉重的心理压力与负担。这种现象逐渐成为广泛的群体效应，给人类社会的发展造成了阻碍，在一定程度上制约了社会文明的发展。

事实上，虽然未来有很大的不确定性，人类对自然规律和自身条件的了解也还远远不够，但人们仍然在不断的文明发展和知识经验积累过程中，逐步加深对自然和自身的了解和把握。只要始终抱着开放积极的心态，不断探索自然现象背后的深层规律，不断实践并勇于接受新的挑战，提升认知、突破自身意识的壁垒，领悟蕴藏于表象背后的真理真相，就能放下对未来的种种恐惧和担忧，安定自若。即便有挫败，也能积极开放地接纳、领悟从而进步。惟有如此，才能真正减轻对未来不确定性的压力，进而推动整体社会的发展进程。

4. 源自心灵深处、生命内核的追求

人与动物不同。人类除了具备在自然界基本的生存能力外，其情绪情感、思维深度和复杂度、精神丰富性、创造力、对自然的好奇心和探索心、领悟能力、洞察力、智慧层次、爱心等等方面，都是这个星球上独一无二的。从某种意义上来说，人类是超越其他物种的。人类素来有对客观世界和自身的智慧哲思和探求

的向往。千万年来，始终孜孜不倦，从未停歇地对自身的存在性、客观世界的存在性，以及现象背后深层的规律性进行追根溯源的探索和解译。自古以来，不同时代的伟大哲人都提出过"我是谁？""我从哪里来？""我要去往何方？"这样经典而弥新、质朴而深邃的问题，拷问着也启发着一代又一代人类的子孙。

为了生存与繁衍，人类不断与自然环境和各种威胁做斗争，承受来自生存、安全、繁衍等方面的压力，同时又不断与不同需求、利益、价值观、信仰的其他个体或群体进行斗争，同样承受着生存、安全、繁衍，以及价值观、信仰、文化、尊重、民族及群体意识、社会文明发展，以及各方面多元因素间平衡的现实压力。历来有许多为集体、为社会乃至为人类世界的进步与繁荣而毕生奉献的伟大先驱，当他们的个人需求与集体需求相矛盾，甚至面临生死抉择时，能毅然选择舍弃自我利益、舍身忘我、奉献自我、舍我利他，甚至付出生命的代价，换来更高意义、更广泛群体的利益。做出这样的选择，对于任何个体来说，都需要极大的勇气、信念、担当和动力，才能迎接和承受极大的身心压力，才能超越自我，成就理想。这样巨大的信念和动力的来源，正是每个人心灵深处、生命内核的部分。它深邃深沉却蕴藏巨大力量，一旦发掘出来便会有兴然磅礴之势，帮助人突破千钧之重压、完成历史之使命。

　　心理学家马斯洛曾在晚年开创性地突破其原创的人类五大需求层次理论模型。他指出，在生理需求（Physiological needs）、安全需求（Safety needs）、爱和归属感需求（Love and belonging）、尊重需求（Esteem），以及自我实现（Self-actualization）之上，还存在着更高意识层面和境界的第六层次——自我超越需求（Self-Transcendence needs）。有这种境界与追求的人不仅仅是为自己活着，而是具备为"更大的存在"服务的精神。他们激发自己对人类整体、甚至天地宇宙的敬畏之心，找到内心深处生命的归属感，从而获得不竭的动力，为全社会和全人类贡献自己的力量。回首历史，上古有大禹治水之精神、精卫填海之坚韧，近有周恩来为中华之崛起而努力读书，还有无数先烈为建立中华民族家国伟业而献身。这些人无不立于此至高的意识境界。全球化发展使各国家、各民族的人们连接更紧密，互动更深入、交融更丰富多元，人类从未如此高瞻远瞩地站在命运共同体的高度，谋求共同的和谐发展。无论是国家政府，还是科学界、文化教育界、企业界，都不断涌现出追求理想、勇于担当，高责任感、高使命感，甘于利他奉献的典范。诺贝尔和平奖得主特蕾莎修女奉献一生，为穷苦人送去生命的关怀，受到全世界最高荣誉和尊重，却从未为个人利益得失考虑，离世时唯一的财富仅只有一双鞋。比尔·盖茨中途退学，放弃世界一流大学梦，为自幼爱好的计算机编程，更为实现每个家庭和组织能高效轻松地办公及娱乐的理想而努力奋斗，实现自我超越赢得首富尊荣。而后又舍敌国之财力与地位，为更多贫困大众送去关爱和支持。当代中国也有许多企业家，心怀强大的民族精神、为社会大众造福之理想，不遗余力、夜以继日率领团队努力拼搏和创造，为中国制造到中国创造，实现伟大中国梦，引领人类命运共同体和谐共融，辛勤而踏实地做出了非凡的贡献。这些看似平凡的不平凡者之所以有不竭的动力和矢志不渝的理想与追求，正是因为他们尊崇自己内心深处的声音和愿景，脚踏实地地付诸努力，始终不动摇内心的方向，才能排除万难，百折不挠，历久弥新，冲破雷霆万钧之重压，携众人之力实现宏图伟业，兴国家民族之旺盛，促人类社会之进步。

每个人的内心都有美好的向往，聆听并遵循内心的声音并不是一件容易的事。特别是当个体对自己还不够了解，在与外部世界互动中对自己的角色定位还不够清晰，不明确人生目标以及与之相关的属性，心智成长尚不完善、存在盲区盲点时，面对纷纷而至的各种选择和建议，往往无法坚定、坚持，无法分辨、依从，甚至是根本无法倾听和发现源自内心深处的心声。常会给自己增添许多新的压力和烦恼。

现代社会有一种常见的现象，就是所谓的"选择性困难症"，由此造成的心理压力非常普遍。最早由德国心理学家库尔特·勒温（Kurt Lewin）提出选择性困难，并研究了其基本心理模型。人在面临多重选择情境时产生的心理冲突包括双趋冲突、双避冲突、双重趋避冲突及多重趋避冲突等。中国自古以来便有两优取其更优、两劣取其次劣的经验传承。然而，随着人类文明的发展和科技的进步，现代社会提供的选择越来越多样化和丰富化。信息获取越来越便利和及时，同时人们思维运算也越来越复杂，对各种不同难度的因素会瞻前顾后、多方考量，再加之每个个体性格、价值观方面的特质及差异，让个体在面临选择时产生空前巨大的压力感受。尤其是面临人生重大选择时，除了自己要深思熟虑、全盘考量，还有数不清的人凭借他们的专业、权威、人生经验教训和所谓的"好心"等，给出各种不同的"高招"或"建议"。其中往往还有许多矛盾之处，更增加了选择者的压力和困境，使其更远离心灵深处的方向感与正确的抉择。要真正突破障碍、冲出重围和怪圈，离不开对"得失心"的反思和"坦然担当"心态的建立。凡事有得必有失。对于大多数普通人而言，无论是凭借过往经验还是借用现代化大数据分析的高科技，对未来事件的推断都存在局限性。然而，很多率性者面临选择时，不忘初心，从容抉择，活得从容自在。因为他们明确自己的定位和方向，明白生命的意义与追求，始终倾听和尊崇内心深处的声音和愿景目标，持之以恒地不懈努力，所以才能不受外界干扰，战胜困难险阻，最终实现目标。内心更强大了，力量更聚焦了，智慧更迸发了，承载和接纳的能力更具足了，自然，压力的感受便减少了。

为梦想和人生理想而拼搏者，会生活在希望和幸福中。肩负责任与使命感的人，会拥有不竭的动力和百折不挠的坚韧。这是这个时代更多人所需要的，也是真正意义上减压的终极奥秘。正如千百年来人类高智慧的传承者所言，所有的力量和智慧的源泉早已在自己的内部世界具备，缺乏的只是向内探寻、向内求索的坚定信念和持之以恒的实际践行。这就是能真正获得永久力量的、每个人本自拥有的心灵之力，是来自生命内核的能量之源。

三、社会关系的压力

人类在天地间生存了十数万年。从远古时代起，人类的祖先便学会了群居而生，如此可汇集不同个体的身心优势和特质，能更好地应对各方面的威胁和竞争。于是，在选择了相互依存、共同生活的群体中，形成了不同的相互联系，具有共同特征、相互支持和制约的个体角色之间也逐步演化出相对特定的关系。随着族群数量的扩增，各种需求及分工日益丰富和复杂，逐渐形成了相对庞大而稳定的社会群体，其中每个个体之间也便形成了特定的社会关系。每个特定个体可能同时拥有多种角色，与其他个体间保持着多种关系。但是，无论人类的关系发展到多么复杂，我们仍然可以用高度涵盖地将其大体上划分为三种人际关系，或称之为社会关系，即人们常说的亲情关系、友情关系和爱情关系。自古以来，生存在这个世界上的每个个体，都有各种未能被满足或未被即刻满足的需求，都有未能达成的目标和愿望。在各种关系中，自身对他人会产生不同的需求、要求、依赖和期望，每个人都处于身心未被满足的不平衡状态。因此，在不同关系互动中，压力便自然产生了。以下就源自三种典型的，最具有代表性的社会关系压力加以逐一描述。

1. 源自亲情的压力

亲情关系是人类生存繁衍行为过程中客观形成的、人与人之间最亲密，并且客观上无法改变的连接形式。因而，亲情关系相对其他人际关系而言较为牢固。本书探讨的亲情关系，仅限于直系亲属间，包括父母与儿女、祖辈与孙辈间的关系，即最亲密的直系血缘关系。婴儿呱呱坠地来到世界上，身心功能尚不完善或还尚未具备，完全依赖父母的照顾支持才能得以生存，由此形成了典型的极端化依存关系。孩子在逐步成长过程中，身心各方面功能逐步完善，认知力逐步提升，为满足自己越来越丰富的生理及心理需求，本能地通过哭闹等情绪和行为方式表达愿望。愿望未能及时被理解或支持时，压力就形成了。随着认知及各项感官功能提升，为更好地表达意愿和需求，表情、行为和语言成为迫切需要学习与掌握的重要途径。当能自由表达意愿时，压力便得到了极大的释放。幼龄阶段的孩子对父母具有高依附性，随着心智的逐步成长，每一种改变、进步、飞越，或是错误、失误、失败都会得到父母的反馈，如赞扬、奖励、批评、贬低，甚至责难、打骂等。这是孩子建立行为规范的唯一权威标准。因此，在成长阶段的孩童，往往面临着父母的评价和反馈与自身差距带来的压力。有时往往还会因懵懂无知，不知道自己的言语行为、抉择等是否符合家长认同而产生压力。

进入学龄的儿童，开始与其他同龄孩子、老师、校园乃至部分社会接触。新环境、新关系、新目标，引发新挑战、新困难，迅速将孩子带入全新的生命体验阶段。进入正常学习轨道后，各种考试及日常评估，成为孩子在漫长学习生涯中压力的重大来源之一。按日常学校评估机制来算，一个孩子从小学到中学，重大考试至少有二三百次，许多学校还开设不计其数的周考、月考、阶段考试和随机测试。哪怕进入大学学习阶段，按本科四年算，各门重大考试，包括各种技能考、专业考、职业资格考等，也可多达上百次。许多家长出于对孩子的厚望，从小学、甚至幼教阶段起，便为其设置各种目标，提出各种要求，希望孩子在学习和竞争中获得成绩和荣誉，这是父母普遍存在的心理，同时也是孩子压力的重要来源。

　　由于社会竞争普遍，许多父母忧虑孩子的未来，唯恐孩子落后。甚至抓紧从胎教、早教、幼教起，不放过任何可以塑造和培养孩子的机会，为孩子选择了许多与其生理和心智年龄、潜能优势并不匹配的课外学习项目，想让孩子成为能歌善舞、身健体壮，同时又擅长数理化的全才。孩子在学龄前便开始承受巨大的学习压力，这不仅让他们在学习过程中力不从心、事倍功半，增加了许多不必要的挫败感，还剥夺了大量孩子正常应有的娱乐玩耍、睡眠、交友、运动、休息等必要时间。既增添了孩子的精神压力，又给尚处于生理成长阶段的他们增加了许多生理压力，早早地就为"不输在起跑线上"而背负整个家庭乃至家族的殷切希望，被学习和竞争压力所捆绑，背上沉重的包袱，给未来留下内心深重的阴影。

古训云：三岁看大，七岁看老。中国传统教育理念千百年来在中国的父母血液中流淌，也影响了当代的父母。然而，对于孩子如何成为一个真正意义上成功的、对社会有价值的人才，却往往存在着偏颇。许多家长只注重了时间效应，甚至把"三岁"又往前倒推到了妈妈肚子里，把"学习从娃娃抓起"，改成了"从胎儿抓起"，并认为唯有如此才不会"输"给他人。待孩子适龄，步入教育机构接受系统化教育，父母又将所有关注力都集中在学习成绩上，以此作为衡量一个孩子优秀与否的唯一指标，忽略了孩子日常交往互动过程中的体验、困惑与收获；忽略在日常生活起居及自理能力方面的培养；忽略了培养孩子的爱心、善良、包容力、理想、责任感、担当、好奇心、想象力、创造力、意志力、探索精神；忽略了培养孩子对美的追求，对挫败的承载力等品质、品性、素养的塑造，也忽略了在孩子遇到各种挫折和情绪情感积压时要及时倾听、支持、理解、交流及引领。有不少父母带着狭隘的观念来教养孩子，塑造其人格特质。例如笃信"男儿有泪不轻弹"，教导男孩儿从小就要勇猛、果敢、坚强，不轻易掉泪，甚至不允许其真实地表达恐惧、悲伤、犹疑等情绪情感和压力感受。女孩则要温顺贤淑，在长辈面前不得反抗，不许随意发表自己的主张，甚至不得从事父母反对的运动、社交或娱乐等。当孩子有思想和情感压力包袱的时候，如果不能对父母倾诉，不能获得信任与支持感，内心会积累更多负面情绪能量。如果不能及时疏泄，纠结、恐慌、焦虑、忧愁的压力感会倍增，给生理和心理成长带来诸多阻碍。许多孩子甚至遭遇老师、同学或其他成年人的威胁、欺凌、侵犯等，缺乏自我保护意识与能力，又无处声讨或表达，从而面临巨大压力和痛苦，甚至造成终身的心理阴影。

　　世界经济合作组织（OECD）在一项全球调查中调研了全球72个国家的部分15岁学生。数据显示：61% 的学生上课外辅导，平均每周 4.5 小时；62% 的学生担忧考试（其中女生占 70%，男生占 53%）；65% 的学生担忧分数差（其中女生占 74%，男生占 57%）；89% 的学生想在各门课中都拿高分；22% 的学生不吃早饭就去上学；15%（这项比例在全球占到 8.9%）的高中生经常遭遇校园霸凌，6%（这项比例在全球占到 4%）的学生遭同学殴打或冲撞，6%

（这项比例在全球占到4%）的学生感觉受到老师不公的威胁。处于青春期的青少年，独立面对各种外界环境压力而无法获得父母的正确指引，没有表达疏泄的途径时，在生活和学习中产生的持续压力和痛苦可想而知。新加坡援人协会（SOS）公布的数据显示，10~19岁青少年自杀数量逐年上升。由于升学压力大，从小学到大学，每年都有学生选择自杀方式"解压"。2015年，共有27名青年自杀身亡，超过2014年的一倍。许多青少年因为家庭问题、情感问题、抑郁症等产生自杀倾向。遭遇挫折和压力时无法与父母沟通，无法获得谅解，压抑情绪无法得到疏导，隔阂越来越大，最终酿成悲剧。从以上数据和社会现象看，青少年普遍面临源自父母的直接或间接的压力，是一个全球化现象，具有极大的普遍性。

究其根源，就是全球化竞争压力通过父母家长转嫁给下一代。孩子"压力山大"，有许多原因是来自家长。出于对孩子、自身、包括整个家庭未来不确定性的焦虑及恐慌，家长们早早将这些压力转嫁到孩子身上。2500年前，伟大的思想家、教育家孔子曾说过："知之者不如好之者，好之者不如乐之者"。20世纪最伟大的科学家爱因斯坦说过"兴趣是最好的老师"这句至理名言。自古以来，凡是在各种不同领域中取得卓越成就的伟大智者，无不是对学习和钻研带着由心而发、源源不竭的兴趣和动力，以及付出了孜孜不倦、奋勇挑战的努力与实践。曾有某杂志为诺贝尔物理学奖获得者杨振宁教授撰写文章，文中提到他"终日计算，冥思苦想"。杨教授读后感到很不舒服，他尤其不同意这个"苦"字。他非常鲜明地指出："只有自己不愿做，又因外界压力而非做不可的，才叫苦。"而在他看来，研究物理没有"苦"。他说："物理学是非常引人入胜的，只要我对物理学有了兴趣，就会被它那可不抗拒的力量所吸引。"足见他对物理学的钻研和探索，是始终充满着无限兴趣与热忱、好奇与动力的，所以永远能乐在其中，毫无苦痛之感。可见，有兴趣、有动力、有好奇、有热忱的学习探索，会令人保持长久的积极主动、充满创意、乐不思蜀、虽苦尤甜的学习状态和境界，这是造就任何伟大成果者所必须、必然具备的。然而，不少孩子同时面临来自父母的期望、师长的要求，也面临自身竞争意识驱动下的自我要求的多重压力，不堪重负，身心疲惫，对学习逐步失去了热情和兴趣。许多孩子仅仅为了成绩，或为了进入更好的中学、大学而学习，学习意义和价值感的缺失，也在无形中增加了许许多多不必要的压力。父母是孩子心中最重要和强大的支持，这个支持一旦倒塌，后果将不堪设想。前几年，有一位高考失利的学生，在成绩公布后悲伤痛楚、心情低迷、哀叹自责。回到家里父母又对其重责相向、一番羞辱。于是不堪重压，伤痛欲绝，最后选择投江寻求"解脱"，险些酿成悲剧。在一项对国内一流高中高三学生的调研中，不少学生坦言，自己可以被培养成考试机器，可以确保考出出色的成绩，足以进入全国一流高等院校，但是自己学得并不快乐。他们完全是机械式地把学习内容当硬骨头啃，在无数遍的"魔鬼训练"中，答题成了条件反射，而生活的丰富和生命的鲜活却从这些年轻的脸庞上消失了。许多中学生甚至小学生，在重重学习压力逼迫下早早选择了轻生，其中有不少是面对家长的批评指责负气而死。在他们留下的遗言中不乏"你不理解我，我很伤心""我现在就死给你们看，让你们后悔"等词句，让人触目惊心，倍感痛心。有些学生虽不在国内教育体制下成长，却仍然背负着来自父母家庭的深重压力。《纽约时报》曾报道，中国留学生焦虑、抑郁的压力来源中，对父母的愧疚感位列第二。可见，在长期非理性价值观熏陶下的孩子心中，学习任务的意义已远不纯粹，更多是身处国外，心中背负着对父母期待的尊崇和压力。从上述事实中不难发现，当下社会被广泛讨论的一流高校学生中"空心病"问题的根源。一切为了成绩，为了考入一流院校而拼搏，为了达成父母家庭的美好愿望而拼搏，甚至孩子们感觉自己出生和活着就是为了这个需要而长期不懈努力，不惜耗费生命和自由的代价去实现目标。当这个目标实现了以后，生命的意义、进一步学习的意义自然也就消失了。这导致大量步入一流大学的天之骄子们内心失去了方向、目标、动力和价值感，产生了空虚、抑郁、迷茫，甚至自杀轻生的念头，值得全社会深深地反思。一个人获得胜利，成为众星捧月、举世瞩目的王者，也许背后却输了灿烂而富有意义的鲜活人生。有位刚荣获世界级比赛大满贯的网球冠军选手，在无尽的荣耀、欢呼、鲜花与掌声中，面对记者谈感受和心情时，表现出令人诧异的低落与空虚。因为他将过往整个生命的一切都花费在了夺取所有世界桂冠的目标上，而现在所有目标都实现了，未来将何去何从？自己从未考虑过。无限的迷茫、无尽的困顿向这位世界冠军袭来，同样也深深拷问着无数仍在拼搏着的青年人和家长。人生和生命存在的意义究竟谓何？努力学习的目标和目的究竟谓何？这些都是值得每一位父母，以及所有教育工作者深思的。只有这个根源性的问题得到真正解决的时候，我们的下一代、这个世界未来的接班人，才能真正释放内心的压力，活出属于他们自己的、真正有意义有价值的、精彩而鲜活的人生！

祖辈与父辈之间、父母双方之间在价值观、认知、性格、行为和思维习惯、情绪情感的表达方式上有很多不同，对孩子的爱度、自身对压力的感受等方面也各有差异。在孩子教育成长上的问题上常出现意见相左、矛盾相向的情形。有时还会当着孩子的面针锋相对、争吵不休，甚至大打出手。长辈之间的矛盾对立，会对孩子的心灵成长产生极大的压力与困惑，使其无所适从，造成许多孩子年少时期压抑和心理扭曲，逐渐形成不完善、不健康的行为模式和人格。例如小心翼翼、自我责怪、迁就讨好、恐惧悲观、负气冲动、甚至自残等。所有这些，都对其未来人格塑造、人际关系构建、生活品质和生命发展方向造成深远影响。对许多单亲家庭、离异家庭的孩子而言，他们担负的成长压力更是巨大的。失去了稳定的三角形组织家庭完整稳定的构架后，孩子得到的支持、关怀、理解会有重大缺失。单亲家庭孩子面临情感互动交流、性格及人格塑造、身心成长建设、家庭责任担负、世界观价值观形成、人生目标与理想树立等诸多方面的问题。心理学研究发现，许多单亲家庭长大的孩子有心理甚至生理早熟、性格和人格方面的不完善等情况，还会出现自卑、孤僻、沉静、空虚、迷茫、冷漠、悲观、无价值感、厌世，以及为寻求庇护与支持来获得安全感而发生的早恋行为等。

当漫长的学习生涯接近尾声，个体将迎来生命过程中一次重大的转折，从纯粹的学生状态进入社会洪流，成为在生活、经济等各方面独立的社会个体。在这种身份发生重大转变的过程中，许多从未有过的压力产生了。对未来前程的憧憬和向往，未经世事的稚气和懵懂，人生经验和社会经验的匮乏等在内心深处不断碰撞，形成矛盾重重交织的状态。面临人生重大抉择时，许多年轻人对自己欠缺全面了解、对未来缺乏具体目标、对未来理想的社会角色和理想状态缺乏构想和规划，在各种不同建议、不断比对优劣得失的过程中倍感压力，不知何去何从。既有对生存地位和未来社会成就的不确定性的忧虑和忧思，又有面对现实与年轻时怀揣的内心梦想失之交臂的不舍与无奈。

2013 年 3 月，日本一家公益机构以东京为中心，调研了 121 名正在求职的大学生、研究生和职校生，结果显示，8.3% 的学生刚开始找工作就感觉"真心想死"。1.7% 的学生在找到正式工作后仍有同样想法。24.2% 的学生认为"如果死了就能完全解脱，变得轻松"，69.2% 的学生感觉到家长的期待，83.2% 的学生不安地认为"大概拿不到想去的公司的内定通知"，很多学生还有自杀念头。据日本警察厅早期统计，2012 年因"找工作失败"而自杀的 20~29 岁年轻人达 149 人，是 2007 年的 2.5 倍。而美国心理学会的统计显示，20~24 岁的留学生中，亚裔学生自杀率最高。其中有不少留学生的重大压力之一就是找工作两头不讨好。家长对孩子过高的期望，给他们带来额外的压力。

进入职业领域，压力自然随之即来。初入社会为工作或生计打拼的年轻人，一般都要从基础性工作开始学和干。对他们来说，职场竞争的万里长征才开始了第一步。在日益激烈的竞争中，许多上班族都出现了身心亚健康状况。例如食欲不振、体力不支、节律紊乱、失眠多梦等。2013~2017年的《中国睡眠指数》报告指出，在接受调研的人群中，有50.3%的人存在轻微睡眠困难，而多梦、入睡困难、醒后疲惫的睡眠"困难户"更是大有人在。30.5%的人经常为了工作早起，21.6%的人做梦梦见过工作，12.9%的人出现过越工作越精神的情况。有48.9%的人会在上班路上补觉，因座椅不舒适而睡得身体难受，或睡着了坐过站、睡觉流口水等成为"移动睡眠"痛点。创业人群的睡眠指数低于普通公众，普遍存在"睡得晚""睡得不规律""睡得少"三大问题。可见，面对工作本身许多人已经不堪重负、体力透支、心力交瘁，身体早已拉响了警报。

除了工作本身带来的压力外，作为一个即将三十而立的青年，父母往往对他们的情感问题、婚姻问题、成家立业、未来职业发展、事业成就、财富积累、社会地位等方面都在操心，也给处于事业起步的年轻人们内心无形的压力。逢年过节举家团圆时，常被催问有没有意中人、何时完婚。到了适婚年龄而未娶未嫁的青年往往成为父母心头疾患。而结了婚的子女则往往被催着为家族延续香火等等。这种心态也是文化风俗，传承久远，盼着孩子独立处事、开枝散叶，拥有自己的一番天地。似乎这样，做父母的才能放下内心重任的大石，安享晚年。

当年轻人拥有了自己的小家庭，有了自己的下一代，而父母或配偶在生活习惯、思维方式、处事方式、价值观，以及在孩子的培养培育、起居冷暖等等方面，都可能存在种种差异，从而给年轻的父母带来新的压力。

初为人父人母，孩子在眼中是骨肉，是需要给予无限关照、无条件陪伴的小生命。孩子成长的一切责任全权由父母担负。经验尚不足甚至空白的年轻父母们，在孩子最初的成长阶段，往往会在孩子如何安全、安稳的生存，在生活问题上担负各种心理压力。给孩子喂养的时间和量是否妥当？用什么样的尿布合适？奶粉安全问题如何解决？孩子需要怎么样的运动才合适？孩子不断哭闹怎么办？皮肤上起疹子怎么办？着凉发烧拉肚子要不要送医院？孩子开口晚、走路晚怎么办？孩子脾气大怎么办？孩子有坏习惯怎么办？孩子胆小、怕生怎么办？孩子任性，自我保护意识过强怎么办？……这些问题林林总总、举不胜举，都是在孩子成长初期父母内心时常萦绕的问题，很多时候甚至是沉重的压力。现代社会科技发达，许多父母在遇到问题时第一时间会上网搜索答案。可是，太多的选择往往并未减轻父母的压力，反而平添了更多的矛盾纠结，让人身处选择困难的境地，更加茫然和焦虑。

这一切都是必经之路，是初为人父母者自我成长的人生课程。对父母来说，更智慧的选择要建立在对孩子的生存能力、自我平衡能力的充分依赖的基础上。幼年的孩子，生命力非常旺盛，身心也非常敏感，即便不通过言语交流，也能接收到来自父母的焦虑、恐慌、不耐烦、愤怒等等不良情绪信息。只是孩子尚不会开口表达，只能用哭闹的方式本能地宣泄。在身心成长过程中，势必经历一些挑战，才能锻炼机体的承载力、自我建设、维护能力、自愈力等。因此，幼小的孩子出现许多生理上的问题都是正常的。做父母的需要保持镇定，给予孩子充分的关爱和陪伴，协助幼小的生命穿越困境，突破长大，不断健壮起来。切不可在慌乱之中，在缺乏专业知识或指导的情况下，盲目使用药物或其他干预手段，否则可能会对其造成不必要的伤害。孩子的身体与生俱来就具备自我排毒、修复、平衡功能，只是这些功能需要在成长过程中不断完善和强大。曾有一部电影，片中一对科学家父母为孩子创造了一个无菌的成长环境，想最大程度上保护孩子健康安全。结果孩子因此而丧失了基本的免疫力，不得不戴上无菌头盔、背上氧气瓶才能走出无菌室，来到外部世界。剧情虽然有些戏剧性，但现实生活中许多父母正是在做类似的事情，不知不觉减少了孩子基本生存能力的锻炼机会，看似保护，为孩子减压，其实是给整个家庭的未来带来了无形的压力。

如前文所述，现代竞争社会，作为一个家庭的后继者，孩子成为父母、甚至整个家族未来的希望。因此，教育培养问题，甚至从孩子还在妈妈肚子里时起，已经成为父母心头的压力。是否需要胎教？找怎样的机构？从什么时候开始启蒙教育？让孩子从小接受一般体制内教育还是学习传统文化，或者是接受国际化的教育？是否学习一技之长？孩子的专长究竟是什么？是否需要给孩子做高科技检测（基因、皮纹、脑电测试之类）或心理评估以作为依据？选择什么样的幼儿园、小学、中学？将来学文科还是理科？将来考国内大学还是出国留学？学习什么专业，从事什么行业？选择什么课外补习班？孩子在学校学习是否优秀、有没有干扰因素？是否与学习优秀的孩子在一起？孩子迷恋游戏不爱学习怎么办？孩子痴迷追星是否需要制止？孩子早恋怎么办？父母平时是否需要陪伴孩子学习？父母工作繁忙，是否要请家教、私教？孩子成绩好是否能保持，成绩差是否会丧失信心一蹶不振？该如何培养孩子建立积极正确的学习态度和习惯？……这一连串普通又现实的问题考验着当代的父母们。当今社会国际化程度高，信息海量庞杂，可选择余地大。每位父母都希望孩子从小开始就博学多才、才艺出众，既为其今后自己独立成长、立足打下扎实基础，同时又为家庭未来的延续建立远期保障。而事实上，面临纷繁复杂的一大堆选择、种种外界建议、社会广泛性选择趋势时，做父母的非常需要将关注点从外部世界收回来，充分与孩子交流，了解孩子的心声和向往，发掘孩子的潜能和擅长。唯有学得适合，孩子才能得心应手，有成就感、有自信，有对学习本身的兴趣和热望。面对挫折、瓶颈时自己仍能孜孜以求，自我突破。这些学习品质的培养往往比学习的具体内容或学习成绩更为重要，是孩子从小学习意识建立和心智健康成长不可或缺的核心部分。通过交流、交心再帮孩子做出更明智的抉择，既可避免父母将自己的盲从、焦虑等压力转嫁给孩子，又能为孩子从小创造有利于其健康成长的路径，同时也减轻了整家庭的心理压力，以及时间、经济、精力、资源等各方面负担。

此外，在孩子成长过程中，父母还有一个方面的重要压力来源，即关于孩子独立人格培养和心理建设的问题。这个问题的深度不同一般，时间跨度可能从小时候孩子自己独立生活、到成年后成立家庭，甚至更久。个体的性格，在遗传等因素的作用下，出生时已具备了初步的模式。例如，有的孩子生来胆小，遇事容易退缩不前。有的孩子生来胆大，凡事喜欢探索尝试，即便受伤吃苦也不会畏惧；有些孩子性格内向，羞涩腼腆，不善交往。有些孩子生性开朗，"人来熟"特质鲜明；有些孩子内心脆弱，容易在困难面前低头、自卑。有些孩子内心顽强，不愿认输，勇于突破难关；有的孩子从小有独立主见，喜欢自己选择，不愿言听计从。而有的孩子缺乏自主意识，往往被动接受，听凭父母安排……所有的性格、人格特质都在先天基础之上，结合后天成长经历逐步强化、稳固，慢慢形成相对固定和鲜明的个人特征。当孩子遇到问题时，做父母的因为能力、时间精力等有限，时常会期望尽快解决问题。在不够耐心和细心的状态中，对孩子的陪伴品质会下降。有的父母还会以催促、贬低或者代劳的方式草草解决问题，无意中剥夺了孩子自我成长、逆境成长的机会。还有许多父母出于对孩子的担忧，不给孩子充分的信任和尝试的机会，一旦发现孩子有超出可控范围的举动时，便会立即叫停，或严厉指责。或者谆谆教诲一番，使孩子从小丧失对自己行动能力的自信心。这些情况时常出现，从表面上看，避免了孩子在安全健康成长中遭遇大风大浪，规避了许多潜在的危险，但是对孩子独立人格和心理品质的塑造埋下了很多的隐患。例如，许多孩子长大后，独立面对一些自己未曾经历的难题时，会退缩、回避、放弃，甚至抱怨、愤世等。这些都源于早期成长过程中缺乏历练和经验，从而自我价值感、自我效能感、自我评价受到影响，甚至影响其一生，成为伴随终生的压力来源。追根溯源，是小时候父母在自己压力状态下给孩子种下的种子。这些后果可能会在孩子与父母相处一生的过程中，时时被激发显露出来，造成家庭的矛盾和不愉快，成为沟通的障碍，破坏关系的和谐。

正如许多父母坦言，即便是孩子成了家，已经为人父母，哪怕年岁再大，在他们眼里还永远是长不大的小孩。因而，经常替他们担忧成了习以为常的"日常工作"。许多年轻人在多元压力的负担下，白天为工作打拼，下班为生活奔忙，仿佛学生时代为分数和考学而学习的噩梦再度上演。工作没有激情，更无从谈理想和目标。每天在为生存忙碌，至于生活品质，则更是望尘莫及。年轻时的梦想早已无影无踪，成了梦幻泡影。有些年轻人虽然从未放弃自己内心的梦想，然而在面对社会现实，不得不扛起养家糊口的重任时，只能暂时把梦想放在心间埋藏。偶尔遇有志同道合者颇有共鸣地谈起理想，欲激情澎湃追逐一番时，来自父母的保守叮嘱、认清现实的谆谆教诲，又将自己无情地拉回到现实当中。每天干着并不喜欢的事，力不从心，还必须强颜欢笑、保持干劲，确保工作量和业绩，确保能"体面"无咎地存活下来。有时想抽得空闲休养一番，工作和家庭的压力还仍萦绕心间，让人食不知味、游不尽兴。

人到中年，大部分家庭内部状况相对稳定。打拼了半辈子，青春已逝，孩子也已长大，面临升学和择业的压力；父母已在不经意间渐渐老去，鹤发置顶、身型不再挺拔；而此时的自己，额头皱纹已悄悄攀爬，身心状况开始每况愈下，体能体力、思维精力开始匮乏。虽然自己的事业相对稳定，生活也相对安定，可是许多人开始反观亲情，开始因为年轻气盛之时未能尊崇父母之愿，或未能实现父母之望，或在自己打拼过程中忽略了对父母的照顾和关爱而产生深深的愧疚感、责任感和重负感。人到中年，为人父母数十载，将孩子送上独立自主的人生路。此时回首，方知养育之恩似海深，才理解自己从孩童到年轻人的成长蜕变过程中，其实父母的殷切期望、包括有时的烦琐叮咛甚至急言恶语，每一次为自己的欢笑和泪水，悲哀或自豪，每一个为自己规划的目标、制定的任务，无非是希望自己未来能生活得幸福、自由、快乐、从容而坦荡。也许这些曾体现为自己追求的分数、学校、职业，有压力、痛楚和无奈。然而，此时的自己是事业巅峰时期的顶梁柱——繁忙无暇，同时又是家庭生活及儿女学业发展的经济支柱——毫无空隙，因而对父母的赡养照顾只能是在内心计划中，实施却遥遥无期。许多人甚至长年无法与父母相见，不断积攒的压力是源自内心的那一份深深的挂念与亏欠，源自对老人生活起居身体健康的忧虑，以及身不由己无以得见的怅然与无奈。待到终于事业上有了交代，孩子已成家立业，有了相对宽裕的时间和精力，再回到父母身边，蓦然发现，父母慈爱犹在，却皱纹满面，银丝满头，双目失去了光华，面容已然憔悴，言语已然木讷。此时脑海中不禁响起了那段穿越时空、充满酸楚和温暖追忆的旋律：时间都去哪儿了……于是心中惆怅迭起，胸中千言万语竟无以表达，曾经千万承诺再无法兑现。

父母终将会离我们而去，阴阳相隔，追忆无限。此时来自亲情的那份压力看似失去了存在的根基，可是，许许多多的人在内心深处却仍然会久久沉浸在那份曾经的亏欠、愧疚、自责、悔恨、犹疑、徘徊，以及无穷无尽的哀思之中。这样的压力可能会伴随很多人走过自己人生余下的时光，时不时会从脑海中闪现曾经的音容笑貌，深陷树欲静而风不止、子欲孝而亲不在的默哀之中。有不少心灵科学研究发现，很多人在情感、财富、社会名誉等方面的"不配得"感，就与父母离世有关，进而影响到了自己在这些方面的顺利发展与成就，成为深层心理压力与阴影，终身未得释怀。

人生在世，亲情戚戚，孰能拥之而驾驭、亲之犹自由？许多人百年人生，代代延传着源自祖先的亲情之困，又在种种烦恼困苦中不经意地传递给自己的子孙后代，成为文化和精神基因中早已埋下的压力的种子。轮回不止，传承不休。待到有朝一日，每个人都能够真正明白自己身处于世的意义、角色、使命，真正拥有属于自己的人生理想、目标、愿景，并能为之独立自在地辛勤耕耘时，尽管苦劳疲乏时而有之，但当获得那份人生真实的自由、快乐，实现根植于自己生命内在深深的梦想时，自己才是一个真正意义上洒脱和成功的人。同样，当自己为人子女或父母，真正明白每一个独立的生命个体都有其自身美妙的生命风景和属于其自身独特的节奏与旅程，带着无条件的爱、理解、包容与支持，协助他们完成内心的人生理想和愿景，才是真正尊重生命之道、自然之道、智慧圆融的为人父母的典范。倘若全社会人人都能够明了生命中亲情的这份美妙，不成为对方的压力和阻碍，而是积极乐观、尊重携护，那每一个家庭——社会的每一个细胞，便会充满阳光般的温暖和快乐，人类的未来也将越来越和谐美好！

2. 源自友情的压力

子曰：有朋自远方来，不亦乐乎。自古以来，这一番"难得一见，心存怀念"的手足相聚的场面着实令人暖心：可以叙旧，可以谈天，可以品茗，可以对酌，可以倾诉，可以解忧，可以仗义相助，也可温暖内心，可以鼓舞士气、推波助澜，也可安抚意烦躁乱、让冲动宁息当前。有时候，朋友是我们危难时的支柱和参谋。有时候朋友遍布各处，我们四海游走都能感受到友至如归的安然。世间实有真情患难，同甘共苦，出生入死、两肋插刀的豪情友谊，更有兄弟情深、姐妹怜惜、不是亲人、胜似亲人般的情义。当然，也往往有人深深感受过阴险狡诈、貌合神离、钩心斗角、不仁义、不善良、无情谊的负面友情经历所带来的压力和伤害，以及由此产生的不安全感、不信任感、失落感。

然而，无论人际关系多么复杂，也无论在哪个民族文化和历史时期，相较于亲情和爱情而言，友情，始终是一个人涉猎最广泛、最多元、信息互动最多样化、关系网络最复杂的一种情感连接形式，也是造成各种压力的主要来源之一。客观上，自从人类从群居社会开始发展，无论是自然危机和外敌的防御的需要，还是对自身稳固建设和文明持续的需要，越来越多更大、更高、更复杂、牵涉面更广泛的目标不断产生。要完成这些目标，免不了需要他人协助。俗语说，"在家靠父母，出门靠朋友""一个篱笆三个桩、一个好汉三个帮"。伙伴们在一起，能够优势互补齐心协力。尤其是在目标一致时，志同道合的不同个体共同协作，能事半功倍，力挺万军，得偿所愿、达成共同的目标。

友情关系，古已有之，在甲骨文、金文中，"友"字是这样写的：

图1-1　甲骨文（左）及金文（右）的"友"字

从象形的角度看，宛若向一个方向伸出的两只手，表示出手协助，可见友谊或友情的实质原意，以及在这双"手"的背后主人，也就是出手相助者当时的心情。《说文》曰：友，同志为友。不论是伸手援助，或是志同道合，都是古代双方能成为"友"需要的品度。友者所需的品质，"友"的原意历经漫长岁月传承至今，仍应为世人参考和反思。当下社会有许多碰瓷、诈捧、欺诈等不文明行为，一定程度上造成人与人之间丧失信任，然而当内心真正有爱与真诚，哪怕陌路偶遇，素未谋面者，亦可援助奉献、大义凛然，做到该出手时就出手，甚至不惜生命挽救他人。无论是在灾难中愿意捐助自己所有的残疾行乞者，或是愿意让列车急停挽救病人的乘客，还是路见盗匪勇于一搏的八旬老妪，只要爱在人心，秉持公允，举手之为，友情之风还是能感染众人的，因为那是出于人之初善意的本性。因此，就当今世界来看，纵使经历千万年，友之本质并未衰变，始终是社会众人相互之间最广泛的连接形式和情绪情感的流通渠道。

而朋友的"朋"字则与友不尽相同，也为象形，意涵有趣。甲骨文如下：

图1-2 甲骨文"朋"字

朋，在古代为货币单位，相传五贝为一朋，也有十贝为一朋之说。字形非常形象，宛如相互并排串联、比肩而立似的。虽各自相对独立，又顶部相互连接在一起成为一个整体。有说古代云：同性为朋，异性为友。而《易·兑》中说："君子以朋友讲习。"《孔颖达疏》中说："同门曰朋，同志曰友，朋友聚居，讲习道义。"《广雅》云："朋，比也，朋，类也"。由此可以很清晰地看出"朋"字的由来及其意义。从根本共性来看，作为朋或友，皆具类似之处，皆因共识而联，志同道合，适时援助。也就是：愿意"站在一起""伸手协助"之人。

此处"伸手"有多种可能的形式。无论是出钱或出力，无论是直接援助或间接呈递，无论是显现当前或暗箱助力，也无论是物资相呈或精神嘉利，只要是能协助当事人摆脱现实困境、精神囹圄，皆是朋友鼎力相助之举，也是友情通达流动之径地。

既然如此慷慨豁达，友情又怎么会带来压力呢？其中一个重要来源就是恐慌与焦虑。

许多人在内心深处不知不觉有一本小账本。例如，某人某年某月某日以某种方式给过我某种帮助，给我解决了某些困难；他平时跟我关系如何如何，当时的场景、参与的人物，以及他们对此的看法、评价，他对我表示感激的反馈如何？他当时可能的心态、动机，还有事后的期许是什么？会有哪些期许，到怎样的程度？他会如何看待我和给予我的帮助？是否会告诉其他人？这些人中有没有我认识的人或者熟悉的人？会不会有曾经与我关系不好的人？他们会不会嫉妒、羡慕、吃醋？会不会对我们之间的关系有所猜忌？如果发生我又该如何应对？现在我是否该向他人透露有关他帮助我的事？今后我应当以怎样的方式在什么场合怎样的时间恰如其分地对他表示感激？回报的尺度多少才算合适？多了会不会不值，少了他会不会不悦？他会不会惦记着我的报答？如果没有及时报答，他是否会生气？是否会对我产生看法或者不良评价，这些又是否会传到他人耳朵里从而影响了我的名声……也许尚未罗列的还有众多，可是由于经历了无数的训练和重复，往往这些在头脑中一瞬间已经完成运算，过后反复多次运算，想了再想，思了再思，斟酌不下，辗转反侧，感觉心有亏欠，意不能决。相反，若哪天帮助了别人，有些人会迅速地运算，对方会怎样看我？怎样想我？有没有旁人看到？他自己会不会牢记在心，会不会发微博或朋友圈留言赞赏一番？他们看了会不会点赞转发？旁人会否嫉妒、产生什么不佳想法？他会否因此而感激我？真心还是假意？今后会不会跟别人说起，别人会不会因此而对我有很好的印象，还是会认为我多管闲事？日后他会不会以什么方式对我表示感激？会不会给我我期望的礼物或者意外的惊喜？他的家人、亲友会怎样看我，我会不会在更多人面前变成名声更好、人缘更好的人，以至于别人都给我点赞、嘉奖……而口头上可能只是浅浅一笑，不以为然地说一句：不用谢，举手之劳，都是应该的。

　　人来到世间，陪伴自己最早并且最多的是父母亲情，而后逐渐有同家庭、同家族的其他非直系友情关系的连接。所谓情同手足，兄弟姐妹，往往是弱于生养之情又亲于普通友情关系的连接。随着人长大，会行动、会表达，同龄伙伴的连接开始产生。此时，他们更多处于自我意识启蒙状态，逐步建立起"我的"的概念，开始让自己身边的人、事物发生与"我"的连接，从而具有特定的、有时是不容侵犯的归属性。认知到这是"我的"玩具、这是"我的"父母后，一旦失去或被转移或剥夺，便会"吃醋"、惶恐，进而愤怒、发泄、不甘，害怕失去了安全、幸福、满足。而这背后一切都指向一个字：爱。此时个体的心智认知是不完善的，情绪情感的反应也是稚嫩的。然而，心却是敞开无疑的、真实的，因而对于"失去"的"苦痛"刻骨铭心，并就此积累了一系列经验，不愿惨剧继续发生。到了系统学习环境，多了许多新面孔，新的友谊种子随着年龄而递增。可是，每个人的性格脾气、习惯习性、心智性情、价值取向、家庭教育、经济背景都不同。有的孩子十分理性，规范合理，公平交友，若有偏颇，定不从意；有的孩子质朴率真，不善多虑，直言不讳，若遇复杂，定不解意；有的则情绪外显，阴晴云雨，顷刻欢心，转而躁郁，若不随心，定不解气。有的孩子天生具备交往交流智能优势，能言会语，善于交际；有的孩子天生内敛羞怯，纵使内心千言万语，却不善言辞，畏缩顾忌；有的孩子性格爽朗，心有情绪，发泄一气，事情过后，雨过天晴；而有的孩子则忧郁多虑，情感丰富，不言不语，纵然未发事端，已然心中千百结起。所以，孩子们在一起，每一个人都是第一次遇到这么多无法直接分辨的独特个体。唯有自己通过不断的接触、尝试沟通来彼此结交、相互适应。在这个过程中可能遭遇人生第一次被严厉拒绝、讥讽嘲笑、冷漠以对、评判责难，甚至拳脚相向、利诱威逼。也许只是为了一个玩具，也许只是因为多占据一块课桌面积，也许只是不经意的误解或碰擦。于是，小小年纪，内心便伤痕累累，虽然许多伤痛随着心灵成长而抚平，却仍有许多印记在自己毫无防备之下，悄然保存了许久，甚至伴随大半生。人会自我学习，头脑会自我保护。那些曾经受过伤害的地方，自然会有自己的解决办法。于是有的孩子学会了要强，因为只有自己强了才能不受欺负、赢得尊重；有些孩子学会了示好，因为自己发现，人们更愿意接受安全友善的面容和言语，所谓拳头不打笑脸人；有些则学会了据理力争，因为有理走遍天下，老师家长都会站在道理这边；有些则学会了圆滑，不论何时，灵活善变总能吃得开，解决问题才是硬道理；有的实在无奈，争抢不过，不甘心仅仅自怨自艾，只能在自认倒霉后在内心暗暗发泄，总算混个心理平衡；而有的则不堪重击，从此对友情丧失信心，对朋友丧失信任，变得孤立无援、孤寂独立……

所有这些，在日后漫长人生道路上与每个人独特人格的发展稳固和完善息息相关。之后的成长道路，更是充满着愈加复杂的友情关系。林林总总的连接，逐渐构成了以自己为轴心的一张不断变化的关系网络。有些距离近、接触频；有些距离远，无事不登三宝殿；有些需要用心维系，因为感情深或者日后可能需要，有些则恨不得拉到黑名单，但为了生活，表面还不得不装作委婉善意。所有这些，天天都在发生，处处都有影踪。寻其根源，都与压力有关。殊不知，这些全都是人类本能在起作用。在最初遭遇各种友情关系压力时，早已自动具备了心理程序。只是每个人有所差异，又在后天训练过程中不断使之"强化升级"而已。同时也足见古训"三岁看大，七岁看老"的深意。小时候建立的对友情的看法，构筑起来的让自己安全、可接受、受尊重、可获利的自我防范方式，如同一层层防火墙，将自己重重围起。透过这些远距离接触外部世界，只有这样才是安全可靠的。只对从小一起长大的兄弟姐妹，长期相互信赖知根知底的亲密好友，才愿意打开那扇友谊之门，放下那座友谊之桥，开诚布公，直言不讳。哪怕有时言语犀利，但听者会当补药吃，因为他深深知道，那是肺腑之言"为他好"。哪怕有时会有失考虑、言行欠妥，但是他并不会心事重重，因为他深深知道，那是兄弟哥们、姐妹闺蜜，不会在意。所以有的人愿为朋友两肋插刀，甚至有时不问缘由、不讲理由，哪怕损兵折将、人财两失，也要帮人到底。当然，有时也会因此而太过盲目冲动，意气用事、站错立场，但是不乏许多人心存善念，乐意助他人一臂之力，哪怕萍水相逢，甘愿真心诚意支援助力。一个个体尚且如此复杂，那么当代社会群体中许多更为复杂的、源自友情的压力又是如何经过岁月积淀，逐渐演变至今的呢？

在原始时代，信息交流少而简单，人心和思维相对简朴单纯。当时社会物质条件不甚发达，社会阶层差距不大，受各种条件局限，感激的表达方式、关系的差异化对待远不如现代复杂。然而，随着人类文明的发展，观念的转变，社会关系和利益关系错综复杂，资源和机遇的稀缺，信息的不对称和不对等，造成许多需求、目标和预期的达成被阻隔，须各方协助方可达成。因此，基于各方面的需要，为完成不同目标而求助他人，使人们形成资源积累的习惯和处世之道。其中，不乏许多思考特别"周到细致"、情绪情感体验丰盛、人间冷暖所知良多的"能人异士"，会将人们内心最复杂细密的想法尽可能丰富周详地记载下来。为了维持那份友情的"和谐"，也为了给他人，给社会，尤其是让自己踏实安心、有备无患，就将这些想法、处理方法，或称礼节规则，也就是现代人所谓的套路技巧，一代一代地传递下来。随着时代的变迁，渐渐地，每个人、每个家庭、每个家族，乃至每个团队组织、每个民族，都顺延前人的步伐和心思效仿而行。虽然他们并不一定清楚起源究竟是怎么回事，但是知道总比不知道好，表示总比不表示好。万一由于自己的"无知"、有失考量、行为言语有所偏颇、有所不妥，而别人、别家、别的团队或集体恰好做得到位、合规、令人称心，那么很可能会让自己颜面尽丧、甚至面临威胁。于是，规矩越来越多，各种约定俗成也越来越纷繁复杂。重复多了，巩固多了，传递多了，便成了流淌在人们血液中的文化基因传承，变成了骨子里的东西、内心深处的烙印。原本简简单单的"朋友"二字，轻轻松松的"友情"关系，变得沉重而复杂，深奥而微妙了。甚至日常最简单的互动交往有时也值得深思熟虑、三思后行一番。有的人面临他人夸赞，却不知如何应对，是甘冒着被人认为自负骄傲的风险说句"谢谢"予以承认呢，还是强忍着内心的欣然欢喜而满口"谦虚"地回应"哪里哪里？"面对他人馈赠之礼，又会停顿犹疑，是甘冒着对方背后不明的心意贸然收下，还是暗压心中窃喜，却迫于无奈顾忌而忍痛割爱，带着"大度风范"婉言拒绝？又恐被拒的对方内心不悦以至未来对自己不利。"吃人嘴软、拿人手短"的防范意识世世代代在骨子里扎根，在血脉里延续。许多人会特别在意朋友是否足够"贴心"，有没有在公开场面上夸赞自己给足面子，有没有在朋友圈第一时间为自己点赞，是否时时刻刻发现自己身上的优点和改变。哪怕口是心非，但却真真实实流露出上心和在意。更有许多人为了未来更好地发展，为了自己亲密的人未来能有更好的机遇，带着功利目的规划谋略、广交结社，构建各种朋友关系，形成不同助力圈。亲友圈、同学圈、单位圈、闺蜜圈，更有伙伴圈，同事圈、普通朋友圈……在信息技术支持下，名义上的朋友成千上万，不惜耗费时间梳理关系，伤精劳累。有许多特别深交的知己，往往在自己人生最失意痛苦、百无聊赖之际，让自己得以倾吐心声，排忧解困。甚至许多连与另一半或父母都不愿讲的话和秘密，只对闺蜜说说，与兄弟论论。相应地，当对方哪天有了低落挫败，出于仗义甚至是默认义务的朋友，也就理所应当涌泉以报：陪喝、陪聊、陪吃、陪玩、陪解闷、陪撒气、陪谋划、陪共议、陪打气、陪沟通……有些时候实非易事，但只因"朋友"二字，内心戚戚，却口中仗义，"压力山大"，损精伤气。

友情为许多人带来了幸福感，一声"哥们""姐妹"营造的安全感，一句句夸耀点赞换来的存在感和满足感，一次次绝处逢生赢得的信赖感。同时，也在一次次期盼失落的伤痛中、承诺违背的愤慨中、道义尽失的指责中、背叛欺骗的绝望中感受友情带来的压力和苦痛。友情可以非常复杂，复杂到外人完全无法理解；也可十分简单，简单到一个眼神、一句问候，朴素而真切，却能滋养心灵，共振灵魂。

最后，还是让我们回归到友情的原初本意。"友"为伸出援助之手，情则之谓能量流动。正是在人有真正需要的时候，那位无论是素未谋面还是至交莫逆，在关键时刻能伸出援助之手的人；

那位能想人之所想、急人之所急，有事勇于共担、无事内心深藏的人；那位有时能与你一起疯狂一起闯荡，关键时刻能真诚劝诫的人；那位真正懂你、欣赏你，在最需要的时候及时出现、在助力成功后隐退背后默默为你祝福的人；那位失败时为你鼓劲、成功时为你骄傲，愿意陪伴你一起疗伤、一起畅想、一起施展宏图伟略、一起实现人生梦想的人。最重要的，是那位从不会给你压力感受，真实无欺、亲密无间的朋友。用现代流行网语悄悄问一句：亲，你愿意成为这样的"朋友"吗？

3.源自爱情、婚姻及两性关系的压力

一枝玫瑰一个甜吻，一轮明月相拥对影，温婉如丝言语细润，但叫芳心允诺终生！

…………

自古以来，如痴如醉的爱情故事都是不同历史、文化下经久不衰、历久弥新的佳话。无论是凄美的爱情故事还是美满的眷属结局，也无论是王宫贵族显赫的伟大爱情史诗，还是平凡人间最纯真质朴的爱情戏剧，爱情自古以来就带着独特的魔力，让人对她无限期待和憧憬。爱情可以是孩子们每晚伴着入眠的王子与公主的故事，可以是荧幕上不离不弃真情患难的动人故事，可以是

为爱毅然舍弃富贵权威、冲破世俗的佳人佳话，也可以是让人哀婉痛心、无奈凄厉的悲痛残局。无数人赞叹爱情佳话中荡气回肠、海枯石烂般的坚毅，如胶似漆、生死相许的承诺。然而，在回首自己的人生路时，不免失落犹疑、哀怨怅然，并不断追问，为何自己所爱不爱己，爱己之人非所期？为何曾经"山无棱、天地合，才敢与君绝"，到头来却因为一些无谓的小事双方成为终生陌路的无缘之人？是否有真正完美的爱情？为何上天创造了美妙爱情却又让爱中人压力满满？是否有真正发自内心、敢爱敢恨、敢于冲破世俗之见、追求真爱的无所畏惧？又为何在现实中，无数起初的金童玉女、神仙眷侣，会因家庭、社会林林总总的压力而最终难成眷属？

　　这样的思索拷问着一代又一代的年轻人，也考验着一个又一个为大众谋求幸福的领导阶层。为了让爱情的归属性、排他性、稳定性得以实现和保障，不同国家民族建立了不同的社会制度以及相应的法律法规。不同国度的具体制度不相同，不同民俗文化下的爱情观也有巨大的差异。从一夫多妻到一妻多夫，从媒妁之言到游村走婚，从天地为证到纲理伦常，从自由婚恋到同性同床……这些模式中，有一些与一夫一妻、携手白头这些相对标准的范式相去甚远。那么究竟爱情与婚姻家庭存在怎样的奥妙和关系？为何在现今社会，关于爱情有众多纷繁复杂的矛盾与传奇、压力与纷扰呢？还需做一次设想中的时光穿越，反观人类初临地球时的客观状态。

无论是亚当夏娃初尝神秘禁果，还是女娲伏羲繁衍后裔，上古神话蕴含了人类追溯自己的存在性的好奇和探索。自从地球上有了男性和女性，阴阳之别、异性相吸的自然法则便使双方相互吸引、相互依偎、分工协作、能量互补、愉悦均衡。人类的祖先在没有语言、没有文化礼仪、没有社会制度的状态下，凭着内心的两情相悦，各尽天职。那时的爱情，更多的是共同面对自然界或其他种族的"外敌"压力。然而，由于天然条件的局限，生活资源的欠缺，以及繁衍的需要，不可能一夫一妻厮守到老，而是群居生活，各守天责，"纯天然"的状态，唯有如此才能安全稳定地维持生计。

爱情和两性互动毕竟牵涉人生最为私密、最深入的生理和心理状态及行为。随着人类的繁衍，社会文化和价值观逐步变迁，爱情的独占性、排他性、唯一性等特性，逐渐随着人性的变化和思维的丰富衍生并突显出来。因此，不具备足够的安全性、稳定性、独占性、排他性和唯一性的爱情关系，逐渐给人们带来非常大的压力。没有完善的公共社会制度的约束及保护，处在爱情关系的双方很可能为这种巨大压力而烦恼，也会积极采取种种方式在双方之间构成约定，即所谓的爱情承诺，由此期许更稳固、更长久美好的关系。一个深情诺言得以让一段关系确立与保障，在理念上规避未来不确定性风险，让双方放下沉重的压力与负担，更轻松地结合厮守。人类的演变，犹如个体的成长过程，在心智和意识活动日益丰富后，慢慢地，"我的"的概念愈加鲜明地从人们的内心流露，并形成外显的言语和行为。渐渐地，"我的"配偶就只能由我唯一占有、并终身占有，而位高权重的人则并不满足于一生中仅仅占有一个异性，便出现了一妻多夫或一夫多妻的现象。之所以此处才以"夫妻"称呼，是因为在远古时期，独占性和排他性尚未产生在人类祖先的意识和行为中。随着"一占多"现象的扩展，一方面引起了具备权势和优势者内心的贪婪，另一方面也激起普通大众内心的不平衡，甚至艳羡与嫉妒。这样的不平衡性逐渐由个体的内部压力演变为整个社会的压力。人的内心对于爱情的美好、公正始终有追求与向往。当经历了一些极端不平衡的侵占带来的不公、不安的感受后，人们内心长久以来对美好自由爱情的向往，以及之前长期备受压抑的激情被释放出来，于是便有了古代在两性关系上过度放纵而最终导致社会没落溃败的经验教训。

人类的发展总是阴极而阳，阳极而阴。在不断的周旋往复中螺旋上升，并逐步找到和接近令整体更加平稳、平等、平衡的中正适度的状态。不断有旧平衡在重重压力之下被打破，而新的更符合现实需求的新平衡被建立。人类对爱情的观念、行为方式和评估标准也经历着一轮又一轮的发展过程。于是，在漫长的演绎过程中，在汲取前人经验教训的基础上，越来越多的社会制度推崇一夫一妻制，并使其受到法律的保护。人们发现，以此确保家庭相对坚固稳定，是为最广泛的社会大众欣然接受的。这也是站在人的角度看，相对理性、公正、公平的方式。因此，当今全球大多数国度以此作为婚姻范式，并有详细复杂的法律法规对婚姻制度进行保护。

　　然而，爱情关系就是如此地微妙。糖放少了嫌淡，放多了会腻，每天吃糖就会渐渐感受不到糖的甜美。这也许正应了一句古语：合久必分、分久必合。看似玩笑，其实有其富有深刻哲思的意味。在完全安全理想的条件和严实的保护下，当长时间面对另一方，举手投足皆尽熟，点滴瑕疵尽显，新鲜、激动、兴奋早已荡然无存，更多的是怨声载道、得过且过的状态。因此，有时短暂保持距离，反而有小别胜新婚的火花与激情。而今，在现代社会信息互通空前便利的年代，了解和接触更多不同个体的机遇日益增加和便捷。在久已厌倦、毫无生气的现实生活中，许多身心需求长期未被满足的时候，遇到再一次激发自己喜悦与热情，尤其是能够理解自己，让自己放下身心的压抑，真实表达和释放自己的人，往往会摩擦出新一轮的爱情火花。然而，压力也便接踵而至，一面是明媒正娶，有法律保护，财产儿女为绊，一面又是情投意合、唯之不欲，可是要面对道义愧疚和谴责压力，只能隐忍压抑。于是许多婚外恋关系到后来，"不在沉默中爆发，就在沉默中灭亡"。所谓爆发者，自然指婚姻革命，"改朝换代"；而所谓沉默者，无非销声匿迹，忍痛割爱，不欢而散。

现代人思维意识开放，行动更快捷，物质条件也更完备，不少婚姻关系建立在电光石火间，有心动即行动。现代思潮中闪婚理念的流行不失为婚恋关系中一道独特风景，可也存在不少弊端。热恋中的双方虽彼此心心相印、如胶似漆，但是毕竟有限的时间空间中，对彼此的了解不甚全面，故往往结了婚、过了日子，共同担负家庭的责任，每天柴米油盐，才发现对方并非一如既往的完美，反而是破绽百出、原形毕露。如此日久，便生厌烦，怨心四起，往往即便未遇到其他倾心对象的吸引，也不甘愿长此以往，在压抑与不满中安度一生。于是那份庄严而神圣的法律文本，顷刻间一纸两半，各归东西。一场轰轰烈烈开始的爱情故事便很快宣告破产。

　　在当代社会，离婚已不是一件不平常的事。据国家民政部门统计，2017 年上半年，全国共有新婚夫妇 558 万对，而同时间内离婚的有 185 万对。结婚离婚比约为 3∶1，比 2016 年上半年增加了 11%。而北上广深四大城市中，离婚率高达 35%。离婚结婚比排前三位的分别为：天津市（60.5%）、黑龙江（58.92%）、吉林省（56.34%）。北京市（50.60%）位居第四。全国离婚数量从 2012 上半年（1112197 对）到 2017 上半年（1855876 对）不断上扬。据调查，离婚的首要因素是一方出轨，占 50.16%。出轨的女性中，18.6% 为全职妈妈，全职妈妈成为出轨率最高"职业"。据专业分析，主要因为空闲时间多，与丈夫交流沟通少，于是向外寻求刺激而至。事实上不难理解，长时间独自面对和承担家庭打理维护、子女教育等压力，加上空虚感的压力，又缺乏与丈夫情感交流沟通，压力得不到释放和疏解，情感得不到互通和维系，内心积压的负面情绪能量又不忍对辛勤奔波、难得回家的丈夫表达，因而更多向其他路径寻求压力释放。在自我梳理能力不完善，又缺乏社会系统专业减压服务支持的现状下，便引发了这样结果。而出轨率最高的男性榜首职业为 IT 行业（10.6%）。不难分析，当今时代是信息和科技竞争最盛的时代，从业者往往工作强度极大，常期加班无休，身心压力自然更大。在家庭付出、夫妻情感交流、子女陪伴等方面都很欠缺，自身压力又无法及时得以疏解，焦虑、恐慌、抑郁等情绪负能量不断累积，最终导致情感破裂、婚姻家庭关系衰亡。

此外，据统计，离婚六大主要原因中位居第二至第六位的依次为：家庭暴力、性格不合、婆媳不睦、不良嗜好，以及购房需要。不难看出，这五点中的每一点都与压力紧密相关。当双方自身压力无法得到及时的疏解，积存在体内的各种负面情绪日益增加，人体内好似高压锅炉般时常处于高危状态。由于与人为善、家庭和睦等文化理念的熏陶，人们对自身建立起很高的行为要求，有了情绪往往采取隐忍、压抑、理性控制等方式，避而不谈，缺乏正向和必要的交流，导致相互之间能量闭塞不流动，如同河道结冰，或瘀堵不畅。许多人在理性上要求自己充分尊重家庭角色关系，维护家庭和睦。然而毕竟不同年代、不同文化背景的个体，在价值观、生活习惯、行为习惯等方面都不同，对同一事件的看法、不同机会的选择也必然不尽相同，自然会产生分歧矛盾。此时，习惯于隐忍者，一方面强压着内心的不满与不认同，心中纵然怒火中烧，表面却强颜欢笑，接受意见却心有不甘。日积月累往往形成千千心结，压力指数逼近红色警戒线，如同箭在弦上一触即发。一旦触及，后果不堪设想。一忍再忍，体内压抑负能量伤及脏腑，导致亚健康，甚至疾病。而一旦忍无可忍，便将不顾颜面，言语行动如雷霆暴发，如此一来，宁静的水面掀起千层浪，实则原本看似平静的水面，深处却早已暗流涌动，危机四伏。这样的和谐并非真正的和谐，而这样的压力确是潜伏的隐患。这是家庭暴力、性格不合、婆媳不睦、不良嗜好等背后的实质，以及压力在人生理心理累积表现的真实效应。至于购房需要，是现代社会发展阶段实时性的外界触发条件。这在过往，或者在未来，也许并非是一项必然条件，然而在当前社会经济发展阶段水平下，实属一个典型的、颇具分量的考验。既是对爱情关系坚韧度的考验，也是双方、甚至家庭每位成员能否认知压力的产生、累积、引爆的科学原理，以及真正理解尊重每个生命的自然属性，合理疏泄、转化并解决压力问题的重要考验。

离婚仅仅是法律制度上的人工行为，并不意味着内心深处曾经的伤痛，双方家庭包括子女之间的亲情纽带完全斩断。何况，在子女抚养等方面，还有着长期的法律及事实义务，使离婚的双方之间仍然保持着千丝万缕的联系。许多人有了自己新的家庭，在现实关系的处理上会更加错综复杂，压力日益剧增。尤其是在财务问题、子女关系问题上。面对这些问题带来的压力，有些人经过较长阶段，内心逐渐适应，伤痛逐步抚平，生活也逐渐有序，家庭逐渐安定和睦下来。而对于另一些来说，往往平静水面之下暗礁埋藏、暗流湍急，时刻背负着深重的压力、要面对风吹草动下的四起危机。现实中，在各奔东西、人财两清之后，真正能做到豁达而不计前嫌，保持敞开维持平常朋友关系者，实在是少之又少。往往是要么被动联系，要么老死不相往来。此时，之前的爱情故事算是画上了一个耐人寻味的省略号。

爱是内心能量，情为互通流动。而现实中，人类的爱情如此复杂，有些含蓄不善表达，有爱缺情；有些品质匮乏，少爱多情；只有少数是既有爱又有情，而更大量的则是仅有关系而无爱无情的状态。它可能是柏拉图式只走心不走身的"崇高理想"关系，可以是许多人仅出于生理需求或是繁衍后代之需才维系的只走身不走心式的关系。更多的仅仅是为维系家庭稳固，彼此平淡如水的，既不走身又不走心的一纸法律的关系。而真正有情有义既走身又走心的爱情典范并不多。而事实上唯有真正高品质的爱情，才是让双方关系得以历久弥新、充满生命力的终极之道。

世界本不完美，人也绝无完人，爱情更是如此。然而，人们却偏偏对于理想中百分百完美的爱情，执着地抱着终身矢志不渝的追求和期待。于是，失落、压力、疑惑、担忧、焦躁，各种烦恼纷至沓来，令人应接不暇。慢慢迷失了自己，丢失了内心原本具足的能量和心力，不知不觉中偏离了起初真爱的方向标。

爱情对于每个人来说。都是具有最特别意义的人生课程。从客观上看，是在人类广泛人际关系中最独特、最具戏剧性的。与亲情相比，一方面，通过爱情建立起的连接，使双方亲密依恋、真诚至亲，不是亲情胜似亲情。另一方面，在客观上双方并无血缘关联。尤其是婚前，在尚无社会制度保障和公众认知维护的情况下，完全取决于双方之间用心的维系。在现实中，许多人认为，未婚时双方既无法律关系，就无从谈起责任或义务，可随时曲终人散，尽兴即止。也会有人背负着内心道德的谴责，在重重压力下仍然小心维系着毫无生命力的关系。显然这两种极端都不是理想的真爱流动状态。无论是对压力的逃避心理，还是为情面、为对美好过往不舍而承担不必要的压力，都非理想状态。若将爱情与友情相较，则又有不同。现实生活中的友情中最为亲密无间者，比如闺蜜、兄弟，可无话不谈、无天不聊，可酒后真言，可吐尽苦痛与难隐，可两肋插刀，为义气上天入海。但是爱情关系却是很微妙的。虽然亲密无间，但有时的含蓄、情趣，或是难言、不堪，往往令双方都会在内心深处保留着一些不说出来的话、不表露出来的情、不显现出来的意。有些话可与姐妹说、与兄弟论，但却绝不能与另一半讲。这种微妙大多也与各种顾忌下的担忧和压力紧密关联。而那些未表达话语和情感，日久积压，将形成体内能量淤堵，久之便成为欲说无言、难以启齿，意至语断、欲哭无泪的状态。

爱在不同阶段，压力的内心根基也有微妙的不同。

当两个原本在平行世界分别独立生存的个体，有一天邂逅了对方，生命在甜美绚烂的爱的激发下，绽放出从未有过的芳艳光彩，双方体验着这份情感，时刻被新鲜和唯美的感受充实着内心。每一句温馨、每一缕秋波、每一唇热吻、每一丝共鸣，无一不在双方心中久久回荡，以至于如胶似漆、如影随形。捧于手中、含在嘴里、时刻也不愿分离。于是有了海枯石烂的承诺，愿意甘心情愿做任何令对方感动和需求的事情。而此时的双方，因为从未有过生命中如此美妙的感受，这份唯美故事的每一刹那、每一片段，都显得如此弥足珍贵，珍贵到哪怕自己任何一次会错意、说错话、甚至表情和动作的不到位、不得当，都是不被容许、不可原谅的。哪怕对方提出再高的要求，自己都会无条件地赴汤蹈火，使出浑身解数。有时还生怕没有如此机会，翘首期盼，挖空心思创造浪漫。但凡见面，必以自己最完美的一面呈现给对方，但凡暂别，必然一有机会便要隔空表达爱意，整个思绪中除了能想到对方的部分，便是在尽力想着有什么还需要为其所想的部分。

显然，在这样甜爱蓬发的阶段，尽量掩饰自己内心认为的不足，想方设法让对方感到自己的美好，遇到矛盾和困难哪怕自己忍痛受伤也不愿在对方面前有半点透露，哪怕自己内心偶尔有所不甘，有烦恼、忧虑、失落，也都满单全收。隐忍吞肚。一切的付出，只要收获对方的一个微笑，一个点头，足矣。殊不知，在这表面的唯美底下，真实而残酷的隐患已然埋下。这便成为爱情起初阶段最大的压力的根源。

当双方已然经历充满奇妙唯美的初识阶段，关系相对稳定、可靠、安全，彼此心照不宣，那根原先紧绷着的名曰"生怕"的弦，慢慢在不经意间松懈下来，心中扛负许久的压力也终于慢慢释然。而故事往往就在这忧患离去、安乐来到之时，开始发生现实而微妙的转折。起初那颗始终为对方提着的心，终于被发现能源不足、透支过度，自己身心疲累，而一次又一次见识到原本唯美的对方，竟然有着令人不可思议，有时甚至是难以接受的另一面，更多的面、越来越多的面。其中还有许多是自己不能容忍、不能妥协的。于是，故事的主人公们，便开始了一场心与心的交战，斗智斗勇，剧情开始展开愈加戏剧化的一幕。时而无限温存地发嗲依偎，时而带着"生怕"审视对方的蛛丝马迹；时而忧虑对方对自己的心是否有点变了，不再那么浓烈专一了。时而又怀疑自己，宁愿鼓足勇气相信自己足具魅力。时而或压抑、或低落、或忧郁、或委屈、或冷淡。有时还要耍小脾气，见到对方求饶，内心便得意洋洋。有时耍狠了、过分了，内心充满愧疚，毕竟，还是舍不得曾经的美好。但是往往双方又常常不愿第一个说出"对不起"三个字。于是，负气、冷战重演。当然，有时也会扮乖、讨好、迁就、耍酷，好像整个世界都进入了绵绵不休的阴雨季节。内心时常流着泪，期望对方的理解、包容，期望看到曾经那份最真挚、能立即融化自己心头一切冰霜的眼神。就这样，无数次的失落、重燃激情，再次失落、忍痛、压抑、憋屈、冰冻，有时还莫名其妙地醋意满满。有时为了对方一丝瞟向他人的眼神而嫉妒幽怨，但脸上却满不在乎，内心却深深祈求着上天眷顾，让对方永远是自己的专属和唯一，让对方主动改变内心或哪怕只是脸上的强硬，拥抱一下自己，能让这个爱情故事揭开生动绚烂的新篇章，能给自己一切努力以完美的回报。

然而，现实往往是"残酷"的，忍耐往往是有限的。再美好的童话终有收尾的时刻，王子与公主的故事毕竟只是理想王国里的梦幻。于是，终于到了曲终人散、各奔东西的时刻，有人感叹，早知今日何必倾心而为，以至憔悴枯竭，甚至对爱情和人生就此丧失信心和兴趣。殊不知，正是这些充满着酸甜苦辣、幸福与苦楚并行的真实经历，令每一个人学会成长、付出，懂得珍惜，更拥有这份上天恩赐的美好爱情的体验。虽然也许在生命中，他只是一个匆匆过客，然而，自己内心的激荡与成长，真爱的付出和收获却是真实不虚的、沉甸甸的人生中最珍贵的礼物。只有扛过那百般滋味的爱情带来的压力重担，才有了自己学会承载与担当的成熟与升华。

许多人经历了刻骨铭心的初恋，再一次进入爱情关系时，会更加理智、更懂得用心和体谅。于是，又一段美好的故事开始延续。钟声响起，有情人终成眷属，美满幸福的家庭终于建立。小生命的诞生令自己如获至宝，呱呱之声划破天际之时，兴奋得来不及抒发早已澎湃井喷的无限爱意，不禁赞叹自然之伟大、生命之奇迹。双方生命的纽带因为这个小小的生命再一次无限紧密，更加强大地凝聚在一起。光阴荏苒，这时的彼此，在生活中、在事业上、在情感上、在心目中，更多的是包容、体谅、默契，更少的是责备、不解与隔阂。日复一日，年复一年，闭上眼睛，随时都能让对方任何一个细节、习惯、表情、身影历历在目，念念之间，随时都能将对方的喜好、忌讳如数家珍。慢慢地，激情淡去，平淡袭来。两人走入了如同左手摸右手般的沉静期，漫长而单调，毫无波澜旧戏复演。年轻的美颜已不再醉人，傲人的身姿也已然无存，有的只是辛劳下悄然爬上额头的纹丝，操心时烦琐叮咛的口吻。青春已不在，魅力亦缥缈，家人依旧在，只叹无憧憬。

　　这个阶段，往往彼此的压力更多的是在生活、事业、育子、赡养老人方面。然而，情感上的习以为常、空虚乏味确确实实是此时爱情课题中最大的压力来源。许多夫妻，就在这样的平淡无奇之中，纯粹为道义和法律意义上的那一纸关系，那一份责任而伴老终身，直到生命终了，成为名副其实的不走心也不走身的爱情关系。也许单调乏味之际，生命中的一场新的风景会让自己倾心沉醉，意欲新欢，也许对方也曾在心间为另一个他而怦然心动。此时的自己，早已没了年轻时的那份欲猜又怕，欲言又止的心情。老夫老妻，有时简单直白也不失为一种直面压力的勇敢。因为此时的双方对对方了若指掌，彼此深知，人生过半，大局已定。若另起炉灶，恐怕心有余而力不足，于是相安无事，墨守其道，眼开眼闭，将就维持。当许多人从原本不够成熟不够安稳、不够满足、渴望无限，向外归固中慢慢缓过神来，蓦然回首，便发现生命中唯有对方才是自己最安稳、牢靠、信赖、陪伴终老的理想抉择。年轻时的托付与梦想，现实中的平凡与真实，历历在目，淋漓尽致。人生爱情就是如此，简单朴实，简单到不用头脑思考，有时却又如此复杂，复杂到让人尝尽酸甜苦辣，荡气回肠。回顾时分，时有感慨万千在内心升起。在经历人生大半岁月，相依相偎数十载后，彼此之间已不需要太多言语，有时一个眼神，一个表情足以。经历几十年的酝酿，爱情终成了亲情，深邃而沉静，是岁月沉淀出的品质，是历练浇灌出的丰盛。此时彼此间生命似乎已不再有区分，而对于爱情而言，"压力"二字，也许更多只会留存于期望对方能快乐健康，多在世间陪伴自己一些时光。

春去秋来，儿孙满堂，叶落归根，离世徜徉。终有一天，身边那个如影随形的人将远离而去，留下的是余生的寂寞，也是无尽的回忆。丧偶的压力，将在爱情故事表面上的终了之后，继续延续、再延续……对于许多人来说，这是人生中最大的痛苦，好像自己的生命力也随对方而去。或许有人能够站在生命的高度和真相的意义上，看清自己，看清世界，看清生命，豁然放下内心的压力，再一次拥抱夕阳余生的幸福与自由。生命的终点终于来临，美妙的爱情故事，终于在追赶前者而去的那位离开的那天，完美地落下帷幕。世间并没有完美的爱情，有的只是无限真实、无限美好、拥有着极大挑战、丰富内涵、独具魅力、又充满着生命的历练与收获、不完美的完美精湛、不平凡的平凡无奇，足以让一对对鲜活的生命，用他们的一生，在爱的过程中真正学会去爱的——那一场伟大的旅程。

所以，也许，这便是为什么亘古以来人类要在并不完美的爱情中追求完美的缘由与答案。也许，在每个人内心深处，在生命伊始的剧情中早已埋下了最初爱的伏笔。

四、源自财务的压力

财务压力给个体、家庭、社会团体组织，乃至国家和政府带来的困扰，林林总总、比比皆是。它是各种压力因素中最现实、最常见的。财务的压力主要是指当下财务的非理想状态，或对未来财务预期的不确定性等带来的主观上的紧张、焦虑、压力感受。对不同人、不同群体而言，由于各自的价值观、文化、预期、所处社会发展水平生活方式及行为模式、消费观念、心态、理想与目标等方面存在的巨大差异，其对财富的认知和标准也有巨大的差异，因而所产生的财务压力感受也有着巨大的差异。例如，对有些个体而言足够安逸生活的财务水平，对于另一些个体而言可能会导致严重财务压力。对同一个体或群体而言，随着时代、社会生产力、全球信息交往的发展，对财务需求的水平和主观压力的感受也会不断地变化。我国政府提出的全民奔小康的目标，就是随着国家经济发展水平的提升而提出的。这时，为当前贫困个体和家庭解决其财务问题，扶植其脱贫，就成为当下时代的需求和重点工作目标。而在几十年前，我国社会生产力和经济发展水平还有限的条件下，解决温饱问题则是当时的最大需求。因此，财务的压力具有时代的特质、文化的特质，并且随着社会的发展变化而不断变化。当然，万变不离其宗。都是当前的财务水平、对预期的财务状态的不确定性与自身主观期望之间的落差所造成的。

提到满足需求的条件，人们往往会与所拥有的财富和财富的交换等同起来。因为无论是衣食住行，或者学习、交往、名誉、地位，甚至环境、机遇、趋势、未来等，都与对应所需的财务水平挂钩。换句话说，都可以通过某种财务的形式得以实现。有句话叫作"有钱能使鬼推磨"，活生生地刻画了拥有财富的必要性。当然，很多时候人们也清晰地认识到，光有钱是万万不能的。因为财富必须通过交换的过程才能最终实现生理和心理需求，达成某种目标和结果。作为一种抽象的概念，财富并不能帮助人们实现一切，它会受到时代、文化、价值观、社会发展水平等方方面面的局限。例如，即便坐拥海量可支配的财富，也不可能换取200年以后的科技成果。又例如，独自行走在干枯的沙漠中，即便拥有万金，也无法换取一片绿洲，哪怕只是点滴支持生命的水源也换取不了。再例如，在古代炎热季节，即便是一国之君，纵使拥有百万城池，也无法即时享受到来自一块冰的凉爽之感。再例如，一个富可敌国的成功人士，倾尽所有财产也无法换来儿时妈妈亲手做的美味食物和无比温暖的呵护关爱。因此，作为必要条件而言，财务水平低下会造成压力。而作为现实中真正满足人的生理、心理实际需求的条件而言，财富仅仅是一个虚拟的代号，实现需求满足的一个中间过程而已。由财务带来的压力，实质是与特定的财富数量在当下对应的实际物质、服务，以及各种资源方面的获取性缺失所带来的压力。正如在通货膨胀极端的社会，人们必须用麻袋装着沉重的、以天文数字为计的金钱去换取极其基础的生活食粮。看似"坐拥海量财富"，却仍然每日面临温饱问题的压力和煎熬。

对绝大多数人而言，财富显得如此重要，而财务的压力也如此现实和普遍，这其中的根源错综复杂。如上所述，对财富的需求或者来自财务的压力，其背后的实质，是对能真正满足人的需求的实际条件的可获得性以及可支配性的压力。

早在远古时期，人们以天为盖、席地而睡，完全依赖大自然赐予的食物、水，以及可作为衣物和安全居所的天然材料而生存。

那时尚未形成复杂的社会团体和社会关系，基本都维系在自给自足的状态，有需求时就向大自然求取。当自然资源无法满足个体生存需求时，人们就会面临死亡的考验。随着历史的代发展，具备优势互补及血缘关系的个体逐步组成群体，相互依赖而生存。共同发挥各自所长，获取所需的各种资源，实现生命安全、温饱和繁衍，同时创造新的生产工具和生活资料，在群体内部共享。慢慢地，随着信息的互通，人们产生了更多的需求，期望能从对方那里获得自己所需的物品，由此产生了以物易物的原始交易形式。为了公平和方便计算，逐渐产生了以某种特定物品，例如贝壳、矿物等作为等值计算的，抽象出来的初始"货币"，能实现更广泛的实物交换。当社会进一步发展，逐步形成了国家，特定形式的货币正式登上历史舞台，更进一步成为抽象的，能具体指代实物价值的工具。随着漫长的社会发展，逐步由贵重金属货币形式发展为更方便携带的纸质货币形式。在这个漫长的历史发展过程中，由于不同国家、社会群体对事物的普遍价值认同的不同，社会发展水平的不同，导致不同货币种类的实际实物对等价值有着很大差异。到现代，不同货币间、甚至对不同货币的预期价值等也成为交易的对象和目标。随着技术进步和社会发展，以及人们日益增长和变化的需求，货币的实物形式发生了革命性的改变，虚拟货币或信息货币出现，大大增加了当代人的生活便利性。带上一部手机便能完成大部分生活支付的新方式，正在为更多人们所接受。

　　虽然货币的形式从无到有经历了漫长巨大的变化，其实质仍是代表特定事物（如物品、知识技术、服务、资源）的对等价值。也就是说，拥有多少货币形式的财富就等同于拥有多少相应实质事物的支配权。然而，一切都在不断变化中。货币的价值、社会的发展、人的价值观、消费习惯等都在转变，纯粹拥有金钱并不是最安妥的财富拥有方式，各种变数会使人感受到不稳定、不安全和不可靠带来的压力。因此，更多人将金钱换取其他实质形式来抵御不稳定的风险，例如房地产、期权、股权、信用。甚至通过其他非物质形式转化为资源储备，例如通过学习、社交，提升自己的价值，累积人脉及社会资源，也成为一种对未来的"投资"。有的则会把眼光投向自己的下一代，不惜花费一切代价培养，希望他将来能出人头地，并为自己或家庭带来预期的回报，使自己未来不受财务等各方面的压力。有些人则预见到后半生的健康和养老问题，在早期就投入健身、保养，为未来减少压力和风险而做出"战略部署"和行动。有些人则因为预期身处的社会制度、政策发展，或自然环境恶化等因素的潜在风险，早早地选择移民。

更多的人在社会工作一段时间，累积一定工作经验及社会关系资源后，继续学习，不断更换自己的工作、行业，接触不同领域的工作机会，争取更多的机遇，避免更多的风险和不安全因素。诸如此类，都是对未来风险的一种前瞻性思考和行动。从另一个侧面看，也都是由于财务的压力导致的结果。

　　不同个体对财富的需求水平和预期不同，压力感受也有着巨大差异。根据马斯洛的需求层次理论，人活在世上，首先需要满足最基本的生存条件和生理需求。例如水、食物、睡眠、性等，也就是我们常说的温饱问题。再进一步，人们需要满足自身安全的需要。例如人身安全、家庭安全、财产安全、健康保障等；再进而需要满足情感和归属的需求，例如亲情、友情、爱情等；再上升则有被尊重的需要，包括被他人尊重、对他人尊重，有实力、胜任力、充满信心、能独立自主、有威信；再上升则是自我实现的需要，包括实现理想、抱负等。一般情况下，这些需求是逐步被满足的，具有梯次性。例如：温饱问题未解决，就无从谈及小康；小康未达成，就无从谈及富裕。当一个人、一个家庭或者一个群体的财务水平仅仅够实现温饱和安全需求时，如果将需求目标放在更高位，必然会产生较大的财务压力。因此，对于自身现状是否清晰了解和定位，目标设立是否合理，都对财务压力的产生至关重要。

从另一个社会演变的发展主线来看，原始社会时，个人满足了自身需要，心满意足，安稳度日。然而，由于人与人、群体与群体的差异，人们在对比中逐步产生了更多的向往和需求，更多的欲望，开始对自身的处境不满，以及对未来不确定性的恐惧。于是，在群体社会中，人们的心态便从原本的朴实、善良、纯真中，逐步滋生出了自私、独占、贪婪、攻击，再慢慢演变为侵占、掠夺，直至爆发战争。究其根源，其实都与原始的财务压力密切相关。在信息、网络极为发达的今天，人与人的各种攀比、竞争、虚荣、炫耀的心态，空前诱发人们内心的各种欲望、情绪及负面的念头。随之，羡慕、嫉妒、恨、自卑、低落、抱怨、愤世……危机四伏，引发一场又一场财务压力下的人间戏剧，展现出一幕又一幕财务压力下的社会百态。殊不知，这其中有许多财务的压力是本非必要的。许多不必要的、争斗、掠夺、侵占及战争，就是在这样的压力下滋生萌发，并最终导致的结果。

纵观人类发展演变的历史，一定的压力会促进人们去创造、积累财富和资源，让人们懂得尊重自然规律、未雨绸缪、高瞻远瞩，懂得相互团结合作、尊重友善，和谐共处。然而，片面偏激、盲目比较、自我迷失等，则无端地增加了许多进一步的压力，导致社会和谐秩序被破坏，社会发展节奏紊乱，时代发展脚步被拖累，人类文明进步被滞缓。甚至造成社会的倒退，恶性循环、险象环生。因此，唯有正确地看待财务及其与人、社会、时代、文明等的客观发展关系，以心平气和、客观开放的心态，正确地进行个体自我定位、群体自我定位，确立和设定可行目标、实施途径及计划，合理调用及分配各方资源，才能合理科学地减轻和缓解财务带来的压力。

五、工作的压力

对于绝大多数成年人而言，工作是得以生存，获得高质量生活所必需的。工作是个体通过发挥专长或能力，付出特定的体力或能力，完成特定的、有价值的目标任务，并根据社会公共价值评估标准获取相应报酬的形式和过程。工作的形式纷繁复杂，多种多样，而工作的方方面面都存在很大的差异。有的人需要冒着生命危险，在对身心极具伤害的条件下工作，有的人则可以轻轻松松，甚至在娱乐过程中完成工作；有的人每天为了生计而打拼，有的人却可以高枕无忧，财富不请自来；有的人不明确自身的优势或特点，每天工作得枯燥乏味，但为一餐饭食而已，而有的人却干得有滋有味、乐在其中，废寝忘食、享受其中。工作的性质、任务目标、工作条件、工作关系、工作环境等方方面面因素与个体独具的身心特质相匹配，随着主客观因素的改变复杂地互动，工作带来的压力纷至沓来，而又千差万别。

远古时期时，自然环境和资源条件很差，人类每天要冒着生命危险从事维持生计的活动。随着对更安全、更安心的生活条件的追求，人们慢慢认识到，每个人的能力是有限的，而每个人所擅长的是不同的。力量、耐力、灵活度、勇猛度、机敏度、温柔度等特质不同，同一群居集体中的人逐步开始分工合作。身强力壮的负责打猎、修葺房屋、维护族群安全，细腻温柔的负责照料老弱、管理衣食、抚养后代。随着社会复杂程度加深，人们生活的需求日益增长，越来越多的个体开始从事更加细化的日常事务，即工作。随着分配制度的进化，以及人们对自我和其他个体认知的发展，先进族群中可能发展出能者多劳或多劳多得的分配方式。当资源匮乏而面临现实需求难以被满足时，或者人们对自身特质认知不清晰或不完整时，有些工作不得不由一些并不擅长的人来做。结果导致事倍功半，甚至有劳无获，无形中增加了巨大的压力。这是现代社会职场中常见的人—职不匹配而导致工作压力的雏形。毕竟，在社会发展水平落后的年代，人们需求的丰富性和多样性也有限，不像现代社会，分工极为细致，因此当时没有太多因工作的单一、重复和枯燥引发的压力。随着近代工业革命的爆发，大规模机械化、流水线的工业生产方式迅猛发展，出现了许多极为细致的分工。有的人一辈子就在流水线上负责拧一个螺丝，快节奏、高强度、长时间、高要求和枯燥单一的不断重复，导致新的工作压力产生。

随着科技和理念的发展，人们内心开始对自由、创意、轻松、有趣的工作怀着强烈的向往。越来越多高重复性、危险性、程式化、刻板化，或只需要简单的情感和逻辑思维的工作，开始由仪器或人工智能机器人设备完成。人类逐渐从繁重的体力和脑力工作压力中解放出来，可以拥有更多自由，在生活条件更好的情况下，更多地学习成长、自我完善、追求兴趣爱好和发挥创意等等。同时也可能带来另一方面的压力，即不断自我学习更新以紧跟时代节奏的压力，这种压力正考验着当今社会越来越多的人，甚至使许多带有悲观色彩的人对未来社会的发展产生担忧和彷徨。

工作压力有鲜明的时代特征和文化特质，并随着时代的变更不断刷新着形态和特质。当然，万变不离其宗，源自工作的压力，无非是指个体在工作过程中的主观身心感受，是一种体验过程和结果。这种感受的严重程度，会对工作效能、工作品质、工作关系和身心健康等诸多方面带来截然不同的影响。工作压力主要来源于生理、心理两大方面。细分起来则更加复杂，而且是综合性的。

1. 源自生理方面的工作压力

源自生理方面的工作压力，主要是指工作内容、工作条件、工作节奏和强度、具体工作方式、工作的环境等各方面，在一定程度上超出了个体的体能、体力和部分心源性因素影响下的承载能力而导致的主观感受，并可能由此进一步产生一系列对其生理和心理上的不平衡甚至伤害。包括各种疾病和亚健康症状。生理方面如食欲不振、睡眠质量下降、头晕头痛、困顿、生理节律紊乱、内分泌失调、免疫力下降、各类呼吸系统症状、性互动品质下降或不规律。心理方面如消极低落、焦虑、烦躁、疲惫、精神不振、专注力下降、自我效能感及自信度下降、认知功能下降、反应力下降、记忆力下降、创造力下降、对未来丧失信心、百无聊赖、无动力、无目标、空虚感、迷茫感，等等。

有些工作的内容和过程对人的生理条件有要求或限制，包括性别、年龄、人种、出生地和生长地、体格、体型、体能、体力、耐力、协调性、耐性、专项（如水性、空间感、平衡感、视觉、听觉、嗅觉、味觉、精细运动、特殊感知技术能力），以及基于生理条件基础的认知能力、记忆能力、学习能力、逻辑思辨及分析能力等。当个体与这些工作需求不相匹配或者匹配度不高时，即便接受长时期、严格、专业的训练，仍然会感到巨大的压力。例如，让一位恐高者担任空务工作，让一位体能体力欠佳者连续从事高强度体力工作，让一位水性不佳者水上作业，或者让一位并不心灵手巧的人从事艺术、手工艺、技术等工种。这是先天禀赋条件所限，后天虽可努力，却往往事倍功半。当然，即便个体生理特质与工作需要相对匹配或者能够满足需要，超负荷的工作量、过高的工作要求、工作时间毫无弹性或过于紊乱无序等，也可能造成生理和心理上的压力。

除此以外，工作中造成生理压力的具体因素还包括温度湿度（例如过冷、过热、过干、过湿等）、有毒有害气体、噪音、电磁辐射、与外界隔绝的工作方式（例如实验室、机房等），单调重复（例如流水线上某个环节）、身体姿态（例如需连续十几小时坐着或者连续运动等）以及地理位置、社会文化习俗等。例如，跨国企业外派人员长期被派驻国外，要适应当地自然地理条件，包括气候等，适应相应的社会文化习俗，如饮食、工作时间、消费理念等。由这些因素造成的种种不适应带来的生理压力，会严重影响工作，甚至对人的身心健康产生负面影响。

这一直是有待解决的全球性重要课题。因为个体的身心特质不同，适应性、耐受性和敏感度也不同，因此在选择工作地点或派驻地点时，对个体与工作地特质的匹配性的考量尤为重要。例如，派往四川长期工作的人如果不适应吃辣，很可能会造成生理上的不适。久而久之，这种压力不断累积，会影响工作质量、人际关系和身心健康。相反，一个习惯吃辣的人，如果长期在饮食清淡的环境中生活，也会因生理不平衡造成压力，间接影响工作效率。

再比如，工作节律也是一种非常常见的影响。许多特殊工种需要 24 小时三班倒。对大多数人来说提出了生理上的特殊要求。许多人因长期日夜颠倒或战线太长，无法承受巨大的生理压力。有些工种的性质决定了无法按时按点饮食、睡眠甚至排便，例如司机、警察、医生等，由此带来的生理压力也是非常大的。缺乏睡眠或必要休息时间会带来生理压力，还会给情绪和心理的稳定性、反应力、专注力等带来许多负面影响。

此外，一些较为特殊的工种，由于工作环境、条件、地点非常特殊，需要特殊体质及耐受力，并经过长期专业训练才能适应。例如在太空、高空、深海、地下，高温、严寒的环境中，特别危险的场合，如战场、犯罪地等。尽管大量训练可以使人的生理适应能力有所增加，但在特定的条件下，还是必然会产生生理上的压力。

2. 源自心理方面的工作压力

源自心理方面的工作压力纷繁复杂。不同工作内容的具体要求不同，不同工作的环境和组织特质不同，对从业的个体提出了不同的心理要求。当个体与工作的特质无法很好地相互匹配和协调时，尤其是个体心理欠缺适应性时，心因性的工作压力就随之而来。这方面的因素既牵涉到个体特质，包括性格、价值观、情绪反应模式、思维模式习惯、文化学历、专业知识、技能技巧、认知能力、概括能力、领悟力、适应力、学习力、创新力、记忆力、反应力、分析能力、沟通能力、表达能力、可持续度、敏感度等，又涉及来自组织及团队层面的因素，如工作性质、规范规则、领导风格、组织文化和工作氛围、组织人际关系、分配及激励制度、培训、晋升及职业发展规划、组织支持、组织沟通方式，等等。

在现实中，由于个体与工作间、与组织间的特质不相匹配导致的心源性工作压力普遍存在。例如，让一位不善言语沟通者担任表达、沟通等工作，例如讲师、市场营销等；让一位外向开朗、能言善辩者长期进行与周围隔绝的工作；让一位善于创新、不喜欢因循守旧者长期从事按部就班、简单重复、毫无发挥自由度的工作；让一位成就型动机者长期在欠缺激励机制的组织中工作；让一位善于提出改进建议者长期处于欠缺沟通和信息互动，甚至反感下属直言进谏、出谋划策的组织氛围中工作；让一位偏好自由工作节奏以便发挥更多创意者长期处于高强度、刻板的、机械的程序和要求下工作；以及由于截然不同的领导风格、价值观、目标设定、文化建设变革等给组织中不同个体带来的影响作用等。这些都会引起个体不同程度的主观心理压力感受。如果在个体遇到实际困难时能够感受到来自组织的关怀与支持，在内心有想法时能够及时得到来自领导的开放亲和的沟通机会，在取得成果时能得到组织的重视和正向反馈，在对新领域的专业知识或未来职业发展有所向往时能及时获得培训、晋升或职业规划设计方面的建议或机遇，在内心的期望和愿景与组织文化和目标相吻合时，不仅个人的心理压力会得到抒发和化解，内心的动力和干劲也会得到相应的激发。因此能够减少后顾之忧，更加高意愿、高投入、高效率、高忠诚度地工作，组织整体也会有更大的内部凝聚力，源源不断地获得更多人才资源和发展成就。

　　人无完人，不可能每个人都能达成身心特质与工作及组织完全相匹配的理想状态。因此，在个体与组织双向选择的过程中，个体应当充分了解自己的生理、心理、目标、愿景、理想、人生方向等的特质，并对具体的工作、职业发展、工作环境及组织文化等做尽可能充分的了解和考量，找到适合的工作岗位，才能减少不必要的、过多的身心压力。同样，作为组织，在甄选人才的时候，除了对其专业素养方面的考量外，还要充分了解其身心特质，甚至家庭背景、教育背景、社会经验、性格气质、潜力潜能、行为方式、人生目标等因素，才能在实际用人过程中，减少因压力造成工作绩效低，甚至人才流失。从而更好地做好日常的组织支持，做好人才的甄选、培训培养、储备、分配及职业规划等工作。

如果每一个社会组织都能够更好地认识并做好人力资源甄选、分析、培养等工作，如果每一个个体在选择职业和岗位时都能够客观、充分地对自己和工作进行了解分析、甄别规划，再做出抉择，那么，每个个体、用人单位，每个行业乃至整个社会的总体工作压力便会减小，从而减少社会资源的浪费和社会矛盾的激化，加速社会文明的发展进步。

第 二 章

压力的破坏性及
导致的身心障碍

一、破坏身心正常运行，导致疾病、亚健康

　　人的生命系统是一个有机的整体，所有组成部分共同作用于个体的全部活动。压力对人的影响涉及身心的方方面面。当个体觉察到压力源的刺激后，会通过心理和生理中介机制的整合作用产生心理、生理反应。对压力刺激的生理与心理反应是作为一个整体同时发生的。生理反应主要涉及神经—内分泌—免疫系统。心理反应表现为情绪、行为和认知反应。适度的压力刺激可激发机体的各种功能，有利于机体应对各种压力源。但太强或太持久的压力则会对人体身心的运作和健康带来有害的影响，甚至影响个体的社会功能。

　　压力刺激引发的心理反应主要包括：

　　1. 认识反应

　　轻度的压力刺激有助于增强个体感知能力，活跃思维。但强烈的压力刺激会对个体的认知活动产生不良影响，导致感觉过敏或歪曲，思维、语言迟钝或混乱，自治力下降，自我评价降低等。

2. 情绪反应

压力会导致焦虑、恐惧、愤怒和抑郁等多种不良情绪，而焦虑是受到压力刺激时最常见的一种情绪反应。适度的焦虑可以提高人的警觉水平。以适当的方式应对压力源，有利于个体适应外界环境的变化。但过度的焦虑会破坏个体的认知能力，使人难以做出理性的判断和决定。

3. 行为反应

在面对压力时，个体的行为表现为"战"和"逃"两种类型。"战"表现为接近压力源，分析现实，研究问题，寻找解决问题的途径。"逃"则是远离压力源的防御行为。此外，还有一种既不"战"也不"逃"的行为，称为退缩性反应。表现为顺从、依附和讨好，与保存实力和安全需要有关，具有一定的生物学和社会学意义。

4. 自我防御反应

自我防御反应指个体面对环境的挑战时，借助自我防御机制，对自己的应对效果做出新的解释，以减轻压力引起的紧张和内心痛苦。

压力应激的生理反应：压力源的刺激作用于人体时，中枢神经系统对压力源的信息进行接受、整合，然后传递至下丘脑。下丘脑通过交感－肾上腺髓质系统，释放大量儿茶酚胺类激素（肾上腺素和去甲肾上腺素等），增加心、脑、骨骼肌的血流供应。同时，下丘脑分泌的神经激素可以使垂体－肾上腺皮质系统兴奋，使皮质醇类激素水平升高，影响体内各系统的功能。

严重而持续的压力刺激会引起机体生理功能失衡和紊乱，引发病理性改变。现代医学和心理学研究证明，很多种疾病都能找到其致病的心理压力因素，这些因素与人们熟知的病毒、细菌、遗传一样，也能引起身体疾病。心身疾病的概念就是在这个基础上提出来的。国内外临床研究显示，50%~80% 的疾病为心身疾病，而大多数心身疾病都与长期心理压力过大有直接关系。

压力的生理反应包括全身适应综合征（GAS）和局部适应综合征（LAS）。GAS 是指机体面临长期不断的压力而产生的一些共同的症状和体征，例如身体不适、体重下降、疲乏、疼痛、失眠、肠胃功能紊乱等。这些症状是通过神经内分泌产生的。LAS 是机体应对局部压力源而产生的局部反应，例如身体局部炎症而出现的红肿热痛与功能障碍。

GAS 和 LAS 的反应过程分为三个阶段：警告期、抵抗期和衰竭期。

1. 警告期

机体在压力源的刺激下，会出现一系列以交感神经兴奋为主的改变，例如血糖、血压升高，心跳加快、肌肉紧张度增加。这种复杂的生理反应的目的，是为了动用机体足够的能量来克服压力。

2. 抵抗期

若压力源持续存在，机体会进入抵抗期。此时，所有警告期反应的特征都会消失，但机体的抵抗力处于高于正常水平的状态，使机体与压力源形成对峙。对峙的结果有两种：一是机体成功抵御压力，内环境重建稳定；二是压力持续存在，机体进入衰竭期。

3. 衰竭期

由于压力源过强或侵袭机体的时间过长，使机体的适应性资源被耗尽，机体没有了能量的来源。

常见压力所致的身心健康问题有：

1. 身心处于亚健康状态

（1）身体方面可表现为疲乏无力、精力不足、记忆力下降，注意力不能集中、反应迟钝、肌肉及关节酸痛，头昏头痛、心悸胸闷、睡眠紊乱，食欲不振、脘腹不适、便溏便秘，性功能减退、生理周期紊乱、怕冷怕热、容易感冒、眼部干涩、体味或口气重、体型体态不匀称等。

（2）情绪方面，可表现为情绪调节能力下降，长时间陷在某种情绪中，情绪亢奋或低落，心烦意乱、焦躁不安、急躁易怒、恐惧胆怯。

（3）心智方面表现出主观能动性下降，不自信、安全感不够、悲观厌世，社会适应能力下降、有自杀倾向等。

2.心身疾病

（1）内科身心疾病：原发性高血压、冠状动脉硬化性心脏病、心律失常、胃溃疡、十二指肠溃疡、神经性呕吐、神经性厌食症、溃疡性结肠炎、过敏性结肠炎；支气管哮喘、偏头痛、肌紧张性头痛、自主神经失调症、甲状腺功能亢进、甲状腺功能低下、垂体功能低下、糖尿病等。

（2）外科身心疾病：全身性肌肉痛、阳痿、关节炎等。

（3）妇科身心疾病：痛经、月经不调、经前期紧张综合征，功能性子宫出血、功能性不孕症、性欲减退、更年期综合征、心因性闭经等。

（4）眼科身心疾病：原发性青光眼、中心性视网膜炎、眼肌疲劳、眼肌痉挛等。

（5）口腔科身心疾病：复发性慢性口腔溃疡、颞下颌关节紊乱综合征等。

（6）耳鼻喉科身心疾病：梅尼埃综合征、咽喉部异物感、耳鸣等。

（7）皮肤科身心疾病：神经性皮肤炎、皮肤瘙痒症，脱发、多汗症，慢性荨麻疹、牛皮癣，湿疹、白化病等。

（8）其他与压力有关的疾病：肥胖症、肿瘤等。

二、破坏人际关系，导致关系不畅

由人际关系导致的压力，包括亲情、友情和爱情等。当源自生理和心理的压力感受过大时，很可能会破坏个体人际关系的稳定和谐状态，导致关系不顺畅，并引发相应的负面效应。例如亲子关系隔阂、沟通不畅；夫妻及两性关系流动受阻，矛盾、猜忌、冷战；亲友间碍于面子、固有价值观或世俗规范、文化礼仪等压力引发嫉妒、压抑、矛盾争执，甚至翻脸"绝缘"；职场上同事、朋友间因各种微妙因素的压力导致关系紧张、纠结、攀比、羡慕嫉妒恨、暗自较劲，甚至引发冲突和断交等。从朋友变成仇敌也是一种较为典型的重压下的悲惨结局。

　　人类的情绪情感在交流互动中达成正常的流通，其作用过程犹如水从一个蓄水节点经由管道流向另一个节点。每个人都是一个蓄水节点而以每个个体为中心的人际关系网络和其他个体的连接通路就如同管道。压力的存在，使得人在以亲情、友情、爱情为主的人际关系交流互动中，管道内垃圾滋生，水流受阻。时日长久，则腐水滋生、水泄不通。尤其是由压力引发的深度隔阂，使得关系双方断绝往来，则自身蓄水节点就减少了一个外来供给源，同时也减少了一个向外输出的目的地。这样的情况发生越多，人与外界的互动就越少，自身的孤立性就越增强。久而久之，自己成为与社会决裂的一潭死水。自己的压力、情绪情感等无法倾诉，也无法得到外界的援助。恶性循环，负能量淤积，生命活力和品质下降，导致各种心身疾病。这就是当下许多抑郁患者病症的来由。

　　相反，当人能够有勇气敞开自己的心胸，迈开主动沟通的步伐，使积压的情绪情感开始流动起来，则有利于双方逐步恢复管道中"水流"通畅的状态，从断流到细流，再逐步到畅通。在许多情况下，由于面子、尊严、愧疚、无奈等种种心理顾虑，人们往往会长时间受困于人际关系的僵局中，从而承受长时间的痛苦压力的感受，各不示弱，最终导致关系破裂。尽管许多人认为，关系破裂并不可怕，因为还可以建立新的人际关系，一切从头开始。殊不知，倘若自身存在着沟通和意识方面的盲区、盲点以及障碍，再来一次，极有可能重蹈覆辙，旧剧重演，轮回往复而痛苦不已。

对其他各种压力造成人际关系破坏的原理不再赘述，但究其根源，都有类似的原理。无论面对何种关系、何种处境，作为一个个体，唯有始终保持自身对关系的正确认知和内心接纳，保持开放、尊重、信任、担当的品质，懂得设身处地、换位思考，采用真诚真实、流动敞开的沟通方式，才是使人际关系得以完善和维护的积极有效的方式和行动原则。

三、破坏事业劲头，导致事业受阻

适度的压力，会给个人、团队和组织带来一定的紧迫感和鞭策感。例如，源自竞争对手的压力，源自客户不断变化和增长的需求的压力，源自合作伙伴选择性增加、合作需求、条件变化等方面的压力，源自信息技术的发展提升主客双方信息对称化带来的压力，源自行业领域发展趋势或阶段性形势的压力，源自社会整体演进趋势和时代变迁带来的压力，源自对未来的不确定性和各种不可抗风险方面的压力等等。这些多方面因素造成的洪流，会推动工作及事业的开展。为了适应社会需求的变化，紧跟不进则退的市场竞争节奏，适应优胜劣汰的形势和规律，从个人到企业都不得不发挥其潜能，求新求变，更规范、更努力地工作，保证更高效能、更高品质，才能具备更强的适应和生存能力，才能在时代发展洪流中成功存活下来，从而为社会提供更加优秀、完善、高品质的产品和服务。最经典的成功例子便是中国政府改革开放政策的巨大成功。从计划经济转变到市场经济，在市场竞争机制作用下，将"大锅饭"状态下人们慵懒懈怠的工作状态，通过"增压"转变为积极主动、适者生存的工作状态。客户至上、消费者利益第一的理念和风尚深入人心，改变了全社会的价值观和现代化发展的节奏，从而使中国近40年来的建设和发展获得巨大的发展，受到全世界的瞩目。

互联网经济的加速普及，新高科技的运用，使社会发展又进一步给生产和经营带来新一轮的"增压"。在这股巨浪的推动下，生产经营者与消费者点对点的互动大大增加，消费者的选择性、数据对比丰富性等大大增加，消费者对产品和服务提供者的反馈和建议空前便捷、及时和有效，时刻左右和主导生产者和经营者的工作和服务态度、工作发展导向等等，由此带来了又一轮供需关系的深刻变革，也带来又一轮社会进步的契机。不仅如此，互联网技术与媒体、金融、交通、医疗、教育、营销、咨询管理等众多领域紧密结合，给这些传统行业带来了新的压力和前进变革的动力。在互联网技术高度发达的今天，公众信息传播的效率是以往传统媒体宣传力度、速度和普及度无法比拟的。在高度信息化、大数据、云计算、人工智能，甚至未来量子计算技术的规模化应用背景下，每个社会个体的不同需求都被极大地尊重、了解、激发和引导，都可能被更加便捷、高效、精准达成。无论是可选择的广泛性或是可甄别的高效精准性，都使人们日益丰富的需求得到更充分的满足。同时，人们逐步从许多繁重枯燥、简单重复和危险危害性强的劳动中解脱出来，更好地挖掘潜能、发挥创意、提升智慧、享受人生。这些都会促进社会文明、和谐、进步。在不断"增压"的局势下，优胜劣汰，促进整体人类文明的进步发展，从而普遍提升人们的生活品质及幸福感。

然而，进步是需要付出代价的。有时，这些代价对于个体及群体而言，是现实和痛苦的，也是压力带来的阻碍。当压力过大时，承受压力的个体或群体会受到方方面面的负面影响，轻者阻碍事业发展的劲头，重者可能使个体或组织内部出现紊乱无序，严重者可导致事业崩溃失败。

对于个体而言，过大的压力会给个体生理和心理，以及心灵深处深层动力、理想等方面带来负面影响，从而给事业发展带来各种障碍。

1. 源自生理压力的影响

如果身体长期备受压力，会导致工作效率下降，工作品质得不到保障，阻碍目标的达成。在工作中，专注力下降、反应力及敏锐度下降、耐力与持久度下降、感官通路灵敏度降低、疲惫感增加、嗜睡等，都会导致工作错误率上升和品质下降。在实物产品的生产中，易产生残次品、废品，导致直接损失；在服务类工作中，则易导致服务质量下降，降低用户的良好体验，破坏用户心中的印象，造成持久的负面后续效应。在交通、机械、技能等操作性工作和行业，生理压力过大则容易导致操作失误或过当，严重的可能会威胁自己和他人的生命安全；在设计、创意、艺术创作等领域，身体压力过大会直接导致创意下降，灵感受阻，演绎失去鲜活饱满的情感状态等；担任领导管理者，如背负过大身体压力，会导致管理思维迟钝，灵活度下降，沟通能力及效率下降，决策错误率上升，为整体组织的发展带来阻碍。

2. 源自心理压力的影响

对于个体而言，心理压力过大不仅会令其应有的能力无法完全发挥，还会带来其他方面的负面影响。心理压力带来的恐惧、紧张、焦虑、等情绪状态，都会直接影响到在工作中的表现和人际关系的通畅和谐，这些都会阻碍事业的发展。许多情况下，我们能够很自然、高品质地完成工作。当压力过大时，情绪难以把控，内心的节奏和大脑的运算会失去平时的稳定状态。当处于内心不安宁的情绪状态，如担忧、惶恐、焦虑、不断思虑等时，头脑往往处于快而无序的状态，会引发很多对未来的恐惧，引发不可控、不安等想法，从而严重分散专注力，导致无法按时保质保量地完成工作，或者导致出错率上升等情况。例如，在向领导汇报工作、为客户做理念或产品介绍，或参与商务谈判、重要成果展示会、新闻发布会、跨组织业务交流等重大场合，太大的心理压力可能直接导致组织形象受损，还可能承受巨大经济和名誉损失。如果后续负面效应持续不断，甚至会影响到合作机会、市场份额、在行业中的地位，以及未来的战略发展。即便是不那么关键的重要场合，过大的心理压力也会使个体的认知能力、表达能力、思维能力、沟通能力、情绪把控能力和决断力等有所下降，或者无法发挥到应有状态和较佳状态，从而影响工作效率、产品品质，影响同事关系，乃至整个组织的工作氛围、文化等，并由此间接或直接导致组织业绩下滑、目标无法实现，成本增加，造成经济损失。

3. 源自心灵压力的影响

对来自心灵压力的主观感受因人而异。对有理想、有追求的个体而言，如果和组织文化、精神宗旨、深层价值观、战略高度和发展方向等长期不匹配，不符合个体内心深处的追求，那么时日长久，便会导致工作动力和积极性下降、职业倦怠感上升、工作效率下降、贡献度下降等，进一步引发离职愿望及行为的可能性上升。唯有当组织的文化内涵和深层精神追求与个体深度契合时，才能使个体内的深层动力被激发，内心产生深度共鸣，由此喷发出对工作的热情、对未来事业发展的冲劲，对组织的归属感、忠诚度、贡献度、积极性会源源不断。这样的能量状态，会感染和带动整个组织的工作氛围、大大提升组织凝聚力和士气，使整体战斗力大大增加。从人类的心理和心灵发展规律来看，拥有积极阳光、高尚务实、利他利社会、符合社会的需求，对个体身心健康平衡和社会整体健康平衡发展能起到正向推动作用的组织文化和正能量状态，是吸引众人并能激发人的内心深层动力的组织文化，在组织建设中具备高度借鉴意义，值得重视。当人的内心被激发出这份原动力，在发展道路上遇到的艰难险阻就能被克服和化解。当组织内部的凝聚力和士气因此而无限强大，那么众志成城之下，组织之船便能在现实社会的竞争大浪中，激流勇进、无坚不摧，不断获得成功和成就，为社会进步创造价值、贡献力量。

四、破坏财富通道，导致财富流失

过大的压力会导致人的生理节律稳定性下降，包括自主神经系统失衡，各生理系统工作状态、效能和有序性下降，引起相应的情绪状态、思维状态、反应力、逻辑思维、分析能力、敏感度、决策能力等效率下降，出错率上升。人在决策、计划、执行的过程中如果一直处于高压状态，会直接或间接导致工作成本上升、损耗增加，导致直接的经济损失。同时，高压力情形下，人在交流沟通中对言语、姿态、表情、动作、神态等的驾驭度、稳定性、精准性等会走形、出错或不到位，引起对方引起错觉、误解、误判等，会使交流和交易不顺畅，工作事业受阻碍，并导致声誉、信誉、关系等受阻，这些影响都会导致直接或间接的损失。

由于人的身体天然具备自我平衡的能力，当压力过大的时候，常常会本能地选择一些方式来减压。有的人会大吃一顿，或者疯狂购物，或在公共场合对着服务自己的不相干的对象发泄一气、抱怨一通，甚至冲动之下破坏公物。有的会因为为一点小小的看不惯而冲着亲友生气发泄。这样，钱财往往在冲动的情绪下被浪费，关系和情感在冲动的情绪下被破坏。如果我们透过外表往身体的内部世界观察，会发现在压力状态下各种情绪波动起伏，使体内气机紊乱、翻江倒海。此时，人的外表呈现，包括表情、动作、语气、语调、语速，以及由此给人的距离感、亲切感、亲和力、吸引力、可信度等方面的感觉大打折扣，从而影响到关系的融洽。中国传统文化中，古人智慧早就传承给后代关于财富与人的状态之间的奥秘：和气生财。不难理解，唯有当人情绪饱满而稳定，身体内部气机和谐而顺畅时，才能有一个良好的沟通状态，给人更加亲和、稳健、有涵养和可信赖的感受。如此才是打开财富通路的生财之道。反之，当压力导致急躁、焦虑、愤怒、挑剔、抱怨的状态时，面对客户或合作伙伴，很容易导致话不投机，给人留下缺乏修养、性急、鲁莽、草率、不可靠、难相处合作的感觉，甚至令对方因害怕而防范、疏远。又或者由压力导致的恐惧、忐忑、犹疑等，使人感到缺乏信心、担当、勇气，也会令人缺失信赖感。如此则生财之道便会阻塞不畅，财富之运便会离之远去。

压力之下人产生的情绪负能量状态，具有易感染的特质。美国密歇根大学心理学教授詹姆斯·科因曾做过一项研究。将一个情绪低落的人和一个情绪平稳的人放在一个空间内，短短 20 分钟后，后者就被前者传染，一样变得低落。这项实验说明，负面情绪能量有在空间中传递的特质。如果在一个组织或团队中，当个体，尤其是团队的领袖或领导人，在压力之下引发身体负能量的积累时，会逐渐传递给团队中的其他成员，使工作及合作氛围的和谐受到破坏，人际关系也随之受到破坏，从而影响整体的团队士气、凝聚力、合作效能、工作效率及准确率。进而影响目标达成、绩效实现等。最终将导致成本提升、资源浪费，以及生意失败，声誉受损，而最直接的损失就是经济损失。因此对于团队而言，压力会直接或间接地破坏生财之道，导致财富大量流失。

第 三 章

检测压力的方法及手段

一、心率变异性检测法

1.心率变异性的概念

心率变异性（Heart Rate Variability，简称 HRV）是指人体心脏相邻两次跳动之间的时间间隔变化规律。这个概念在 20世纪 40 年代由西方医学界提出，70 年代中后期开始得到广泛研究。

人的心脏不是按照恒定的节奏跳动的。即便处于非常平和、安定，或者长时期处于同一种情绪或机体状态时，每次心跳之间仍然存在着微小的差别，这便是心率变异性。在现实中，人的心率，即心跳的节奏会随着外部不同场景和条件的刺激，在自主神经系统的调控下加速或减缓。心率变异性水平可以反映人体多项机能、心理应激模式及整体的"心身和谐度"水平。现代医学认为，心率变异性，实质上反映了神经体液因素对窦房结的调节作用，也就是反映了自主神经系统交感神经活性与迷走神经活性及其平衡协调的关系。

从 19 世纪 40 年代至今，发表在国内外医学、药学、心理学、教育理论等领域的以 HRV 为主题的学术文献多达 27000 多篇。大量研究证实，人类的心率变异性水平与血压问题、心肌梗塞、神经系统疾病、心律失常、糖尿病、呼吸系统疾病、肾衰竭等生理疾病和症状密切相关，与人的年龄、性别、疲劳程度、药物使用、吸烟嗜好、酗酒嗜好及其他生活习惯和方式等因素密切相关。尤其是从 20 世纪 80 年代至今的将近 40 年间，心率变异性水平检测和提升方法在医学、心理学、心身科学、教育学等领域被更广泛地研究和应用。

2. 心率变异性检测

自从心率变异性理论被提出后，各种检测方法便应运而生。随着科技的进步，计算机技术的发展，越来越多分析力强、功能完善、综合性强、界面友好直观、便捷易操作的检测系统不断问世。1991 年，一批美国医学、心理学界的专业研究者和科学家出于对人类生命状态的关怀，自发组建了非营利性科研机构 Heart Math Institute——心数研究所，广泛开展有关人类心脏与意识关系、心率变异性对人身心系统影响的研究，尤其是压力检测及心身互动模式、压力与情绪反应模式的关系、抗压能力及抗压水平提升、心理应激模式分析和效能、绩效水平提升等方面的研究。心数研究所的科学家们研发了多种专业的 HRV 检测设备。在超过 25 年的科研和实践过程中，培训了大量专业教练和健康专职人员。这些专职人员服务全球不同家庭、社区、社会组织中的各行各业、各年龄段的人群，立志于构建从个体到社会的和谐品质，累积了上百万案例的数据。在心身科学领域中，发表有关压力、情绪、心脑联合应激模式等主题方面的科研论文超过 300 篇，并开发了多种简易有效、科学健康的减压方法和训练方案。其研究成果被广泛运用于心身科学及压力管理领域，包括美国 NASA 航空航天局宇航员训练、飞行员训练、国家体操队运动员训练，以及世界 500 强企业高管心理素质提升及压力与情绪管理等方面的专业训练项目中，均获得巨大成效。进入 21 世纪以来，在我国国家运动队运动员身心素质和减压训练中，也已采用了心数研究所的专业 HRV 压力测试和实践技能训练，为我国运动健儿在国际比赛中取得优异成绩提供了有力支持。

多年的科学实证研究结果表明，HRV 检测能够较好地反映出个体近期压力和情绪状态、对压力的承载能力、应对压力的反应模式、心身和谐度水平、心脏功能储备，以及自律神经系统总体功能等状态。（见图 4-1-1，4-1-2，4-1-3，4-1-4）

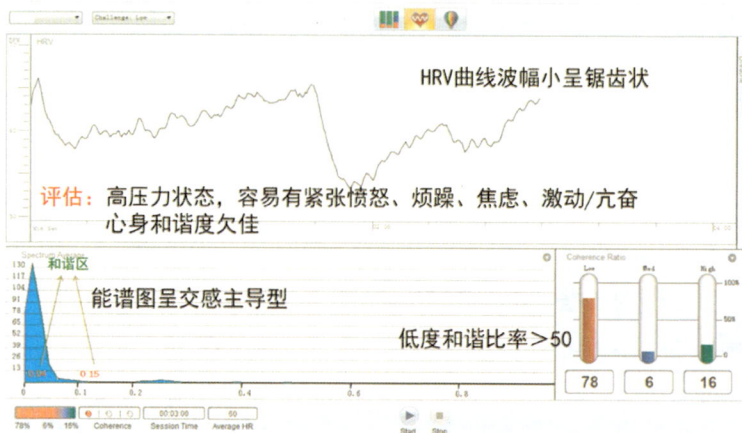

图 4-1-1　HRV 检测—交感主导型能谱示例

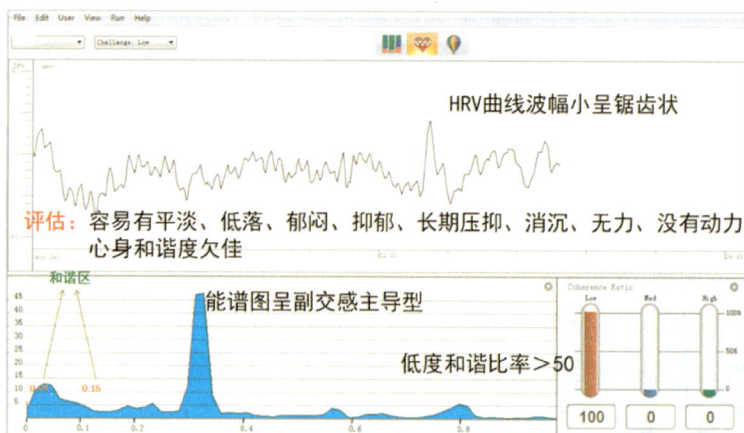

图 4-1-2　HRV 检测—副交感主导型能谱示例

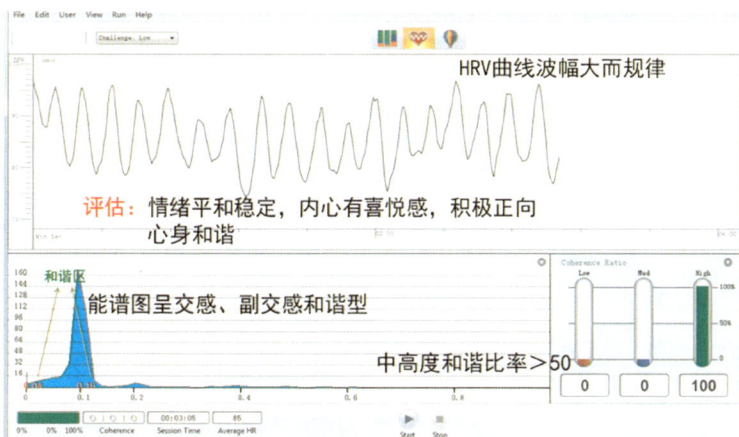

图 4-1-3　HRV 检测—交感、副交感相对和谐型能谱示例

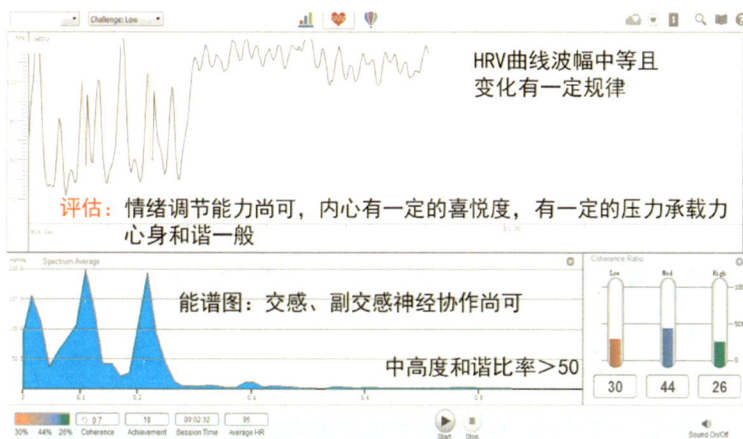

图 4-1-4　HRV 检测—交感、副交感协作状态尚可能谱示例

自主神经系统是人体节律调节的中枢，对心脏节律起调控作用，使心脏和心血管系统的工作状态能够适应当下人体对外界环境刺激的应激所需。同时，自主神经系统还调控人的消化、内分泌、肌肉、免疫等各大重要系统，配合人的身心整体达到应时之需的状态。在面对突发的压力事件或任务时，确保机体效能跟进和应对。当个体 HRV 水平较高时，人体进入"心身和谐状态"（psychophysiological coherence），人体自主神经系统——交感神经与副交感神经达到高度平衡，机体充满能量，情绪稳定，有助于减轻压力感受，减少因压力引起的恐慌、焦虑等情绪不平衡状态。"心身和谐态"能使人体记忆力、注意力增强，思路更敏捷清晰，有助于提升工作和学习绩效。相反，HRV 水平较低时，则人的心能储备不足，心脏弹性（包括真理弹性和行为弹性——适应能力 inherent flexibility and adaptability）低，系统失衡，抗压能力下降，工作学习绩效下降，易呈现过亢或较低迷的精神状态，情绪和体能不稳定，无法较好地满足外界条件刺激下的应激所需。

3. 提升心率变异性的方法

经过科学界各领域多年实证研究和海量数据累积，专家们提出许多提升人体 HRV 水平的方法。其中，心数研究所的科学家总结了各个国家上千种不同呼吸方法对人体身心状态的调节效能，包括传统的体系的和现代体系的，在此基础上，开发了简易高效的"平衡呼吸法"。这是一种适合当代社会不同年龄、性别、种族、背景的人群使用的方法。多年的实践表明，通过平衡呼吸法的简单训练，能迅速地有效提升人体 HRV 水平，从而使人从压力、紧张、焦虑、狂躁等不平衡状态，迅速转入正向的、积极饱满、内心平衡安定、头脑放松灵敏的"心身和谐"状态。多年来，这种方法已经为 NASA 宇航局、大量运动员、医疗机构和企业用来对高管进行身心素质训练。此外，为了给大中小学学生减少考试焦虑、紧张等压力，美国国家教育部专门邀请 Heart Math Institute 专家进入校园，进行长期的 HRV 压力检测，并教授学生平衡呼吸等训练方法，成效卓著。例如，在明尼苏达州某中学，高中生接受 3 个月持续训练后，HRV 水平显著提升，期末会考通过率显著提高。其中，数学成绩平均提升 35%，阅读成绩平均提升 14%。此外，美国伊利诺伊州一所医院的医护人员在通过短时间训练后，HRV 水平也显著提升，工作失误率从原来的 26.9% 下降到了 4%，而患者满意从原来的 73% 上升到 98%，工作绩效明显提高。在许多世界 500 强企业中，经过训练，员工的 HRV 水平普遍显著提升。他们的倾听能力、直觉决策能力、专注程度、工作效率、创造力、工作成果等方面均有大幅度提高。

此外，科学家们在长期研究中还获得了非常特别而富有深刻启示性的科学发现，即人的精神情绪状态与人体 HRV 水平之间的紧密关系和科学规律。研究发现，当人处于愤怒、焦虑、紧张、沮丧、抑郁等不良情绪状态时，人体 HRV 水平会下降，对压力的感受增大，抗压能力下降，从而导致身心不和谐。相反，当人处于喜悦、欣赏、宽容、感恩等正面积极情绪状态时，人体 HRV 水平会提升，对压力的感受显著下降，抗压能力显著提升，从而进入身心和谐态。即具备非常好的"减压"作用，并对整体身心健康极为有益。这项科研实证结果，为不同年龄、性别、背景、职业的个体如何通过保持正向积极的"正能量"状态，提升抗压能力、工作学习绩效，达成身心健康、人际关系和谐，乃至整体社会和谐，提供了非常有力的科学依据和大量真实可信的现实案例。

4.心率变异性检测与分析评估实操方法

①检测环境：安静、通风，温度适中。

②检测注意事项：

> 不要在饥饿时、剧烈运动后、进餐后半小时内检测；

> 服用影响心率和心律药物者，不建议进行 HRV 检测；

> 检测时需摘下穿戴式电子产品；

> 检测时不要说话，避免大幅度晃动头部和摇摆身体；

> 保持平常自然的状态，不需要做任何调整；

> 检测时建议闭上眼睛，排除外界干扰。

③ HRV 的常规解读和分析

有关 HRV 全面和详细的解读和分析，将在中级教程—实操技能篇中介绍。

二、专注力与放松度的检测和压力评估

1. 基于脑波的专注力与放松度检测

随着医学和科技的进步，人们对大脑的工作原理及其与人的精神意识状态、情绪状态、认知水平等各项生理功能水平的关系和深层科学机制的认知不断加深。脑波即脑电波，英文为electroencephalogram，简称 EEG。脑波是人脑神经元细胞活动过程中呈电器性摆动状态，被科学仪器捕捉、记录而呈现出的类似波动状图像的简称。19 世纪末，德国生理学家汉斯·柏格受电鳗发出电气的启发而发现脑波。之后长达一个多世纪中，关于脑波状态所对应的人体意识活动、感官反应机制、情绪状态、精神状态、记忆

力、反应力、专注力、放松度、生理功能水平等方面的研究在全球范围内大量展开，涉及中西医学、生物学、心理学、教育学、体育学、自动化技术、计算机等各个领域。随着电子科技的进步和计算机技术的发展，越来越多更专业、更精准、更高效、更综合性的脑波测试仪器和鉴定评估国际标准被制定出来。同时，也有越来越多的科研发现被逐步证实。脑波的检测，为人们研究人脑的工作机制，研究人的多元生理心理状态复杂的、系统化的运作机制等，开启了一条独特的通路，将原本看不见的、埋藏在"黑箱"中的人体最精妙、最复杂的器官——脑的工作机理的直接表象的一部分，鲜活地、真真实实地呈现在现实世界中。人们透过脑波的变化规律，能实时了解到人体的生理和精神状态、功能水平及实时动态，以便做出及时的分析、判断，并由此采取合理的改善措施，从而使其成为医学界、心理学界等领域健康水平检测、评估和干预的有效依据。

2. 当代脑波检测及分析技术的发展

进入21世纪以来的近20年，计算机、移动网络通讯、大数据分析、云计算等技术空前发展，许多脑波检测设备开始走向民用化，更多精巧便携、界面友好、互动生动的脑波检测设备被开发出来，可以方便地实现实时检测和海量数据云存储分析，大大拉近了脑波这个原本躲在神秘面纱背后的深奥指标与平民百姓间的距离。如今，脑波的采集极为方便，很多便携式佩戴设备通过无线方式连接手机移动端，即可随时随地进行脑波数据的检测、上传、统计分析及评估。同时，还有大量基于脑波参数和脑工作原理而开发的互动程序界面，以及有趣的外置设备，方便脑波的检测和相关的训练。

3. 脑波检测专业指标简介

专注力和放松度 EEG 脑波测试，是通过对脑波状态的检测，反映当下人脑运作的具体状态。一般来说，医学上将人的脑波频段分为：γ 波（>30Hz）、β 波（14~30Hz）、α 波（8~13Hz）、θ 波（4~7Hz）、δ 波（0.5~3Hz）等。一般情况下，正常成年人在完全清醒状态时，脑波处于 β 波频段，而静心、冥想，或进入睡眠的过程时，脑波会逐步下降。处于特殊状态或过度兴奋状态时，脑波可进入 γ 波段。

随着对脑波特征和脑波对应身心状态的科学研究的发展，现在可以通过对脑波状态的分析，获得当下个体的相关身心状态指标。具体包括专注力程度、放松程度等。一般来说，当人面临重大压力的时候，由于过度紧张和焦虑，往往专注力会下降，不易维持在较高的水平。会产生不稳定的、间歇性的波动。而长时间的紧张、焦虑等亢奋状态，会使人精神状态难以放松，从而影响工作学习效率、睡眠质量、身心健康，甚至生活和生命的质量。通过实时测量专注力和放松度指标，对个体当下身心状态、自我调控水平和稳定度，以及相关的学习、工作、放松调节等能力的训练和提升，具有相当强的指导意义。对日常生理和心理功能水平、睡眠质量、整体生活品质的了解也具有很好的指导意义。运用 EEG 脑波测试，可协助个人提升对当下身心状态的觉察与认知，并训练有效自我调节的能力。

4. 基于脑波的专注力、放松度检测与压力评估技术实操方法

随着科技发展，界面友好、操作简便的携便式脑波检测和分析仪已经能够满足个人检测和训练专注力、放松度的需求，并可在手机、平板电脑等移动设备上应用，使用起来非常便捷。

按仪器设备说明戴好脑波仪，根据操作界面提示和相应步骤进入脑波分析、专注度和放松度分析或训练界面，即可进行分析或训练（如图 4-2-1）。

5. 提升专注力及放松度的方法

利用脑波仪能够实时观察专注或放松的状态，结合自己的主

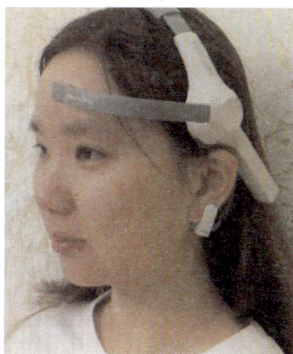

图 4-2-1　EEG 脑波测试仪佩戴示例

观感受，通过训练和生物反馈技术了解大脑专注或放松时脑部的状态，脑部是什么感受，心身整体又是什么感受（如图 4-2-2，4-2-3）。然后逐步培养快速提升和保持专注度或放松度的能力，保持既专注又放松的状态。处于既高度专注又高度放松状态时，我们能更高效地工作和应对压力，同时不容易出现疲劳（如图 4-2-4）。

三、压力量表检测法

1. 量表检测法概述

心理量表测量的应用始于 19 世纪 80 年代，首先由英国生物

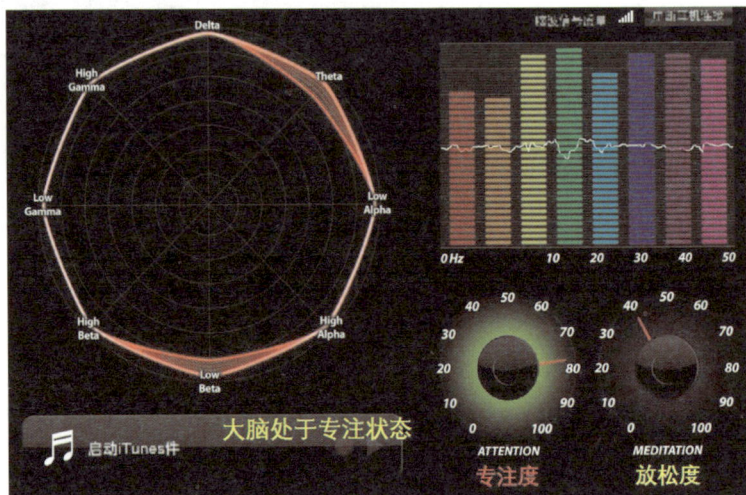

图 4-2-2　EEG 脑波检测—专注状态示例

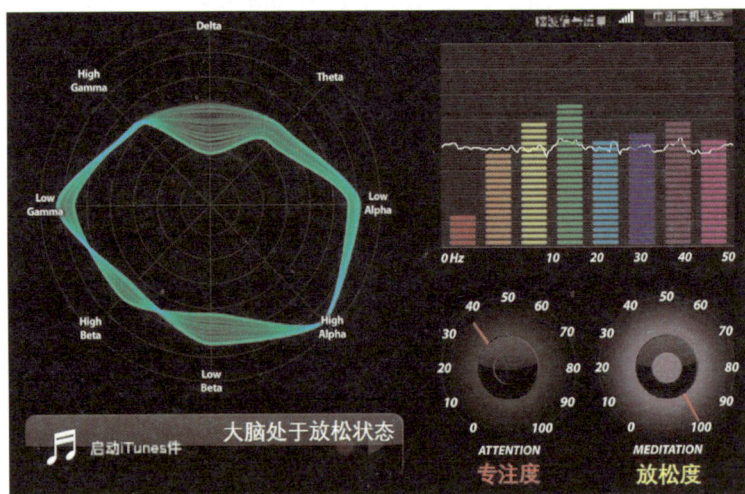

图 4-2-3　EEG 脑波检测——放松状态示例

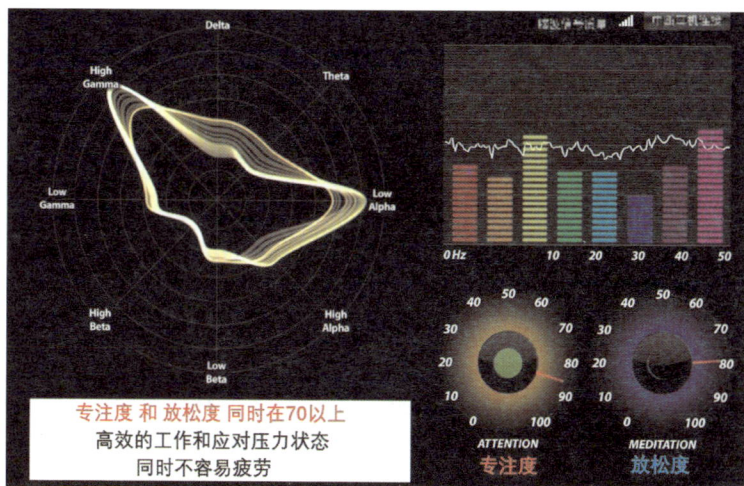

图4-2-4 EEG脑波检测—专注度、放松度同步高效状态示例

学家和心理学家高尔顿爵士（Francis Galton）倡导提出。此后，在美国心理学家J.M.卡特尔（J. M. Cattell）、法国教育学家和心理学家A.比奈（A. Binet）等人的推进下得到了充分的发展，现已被大量应用于心理咨询和临床实践。

在各种量表测量中，量表是测量的准尺，是根据测量的目的而编制的一系列测验项目（任务或问题）。每一项任务或问题都有各自规定的标准分数。使用量表测量时，根据被试者的回答对照计分。被试者的量表积分表示他在这个量表上的位置，其意义在研究者编制量表时就已说明。

使用量表检测法，最重要的是作为测量工具的量表必须具有一定的信度和效度。

信度（Reliability） 指测验结果的一致性、稳定性及可靠性，一般多以内部一致性来表示该测验信度的高低。信度系数愈高即表示该测验的结果愈一致、稳定和可靠。

效度（Validity） 即有效性，它是指测量工具或手段能够准确测出所需测量的事物的程度。效度是指所测量到的结果反映所想要考察内容的程度。测量结果与要考察的内容越吻合，则效度越高；反之，则效度越低。

在社会科学研究中，根据测量的目的，已设计出许许多多的量表，例如，社会地位量表、社会参与量表、工作满意量表等。尤其是在心理学研究中，大量使用各种量表进行心理测验。以所测量的目标来分，有个性量表、智力量表、情绪量表、成绩量表、压力量表等；以所采用的单位来分，有年龄量表、年级量表、百分量表等；以测量的对象来分，有幼婴量表、儿童量表、学生量表、成人量表等；根据评估者来分，有自评量表、他评量表、自评和他评混合量表。

（2）常用压力自测量表简介

下面是对一些涉及个体的身体、自身身心调节能力、社会关系、财务等方面常用的压力自测量表，适用于对压力的自我测评。

①成人压力测量量表

本量表内容项目涵盖了个体现阶段的饮食、睡眠、情感、运动、嗜好、人际互动等多个方面，能较好地反映被测试者现阶段的压力状态。

请根据实际情形，从"1. 几乎总是；2. 经常；3. 偶尔；3. 很少；4. 几乎不；5. 从来没有过"中选取一个适当的值来作答。

1. 我每天至少吃一顿均衡的膳食。

2. 一星期中至少 4 天以上有充足的睡眠（7~8 小时）。

3. 我经常付出，同时也接受情感。

4. 在我身旁，至少有一位值得信任并可依靠的亲人。

5. 一周至少运动两次（至少要到出汗的程度）。

6. 一星期喝酒不超过 5 次。

7. 一天抽烟不超过半包。

8. 由身高的比例来看，我体重适中。

9. 我的收入足够生活上基本消费。

10. 我由信仰中得到力量。

11. 我经常参加社团、俱乐部活动。

12. 我有一伙好朋友及熟人。

13. 我至少有一个私事上可信赖的朋友。

14. 我身体各方面都很健康。

15. 当我生气或烦恼时，能公开地表达出内心的感受。

16. 我与同住的人经常谈论日常生活中的问题。

17. 我一周至少有一次娱乐。

计分和评定： 所有题目的得分相加计总分。总分 40 分以下表示压力管理良好。

②疲惫量表

现代快节奏的生活中，人们的工作和学习压力很大，很多人经常感到身心疲惫。心身疲惫表示自己已经出现状况了，应该及时调整好，不要让这样的状态继续下去。疲惫量表测验能够及时准确地发现自己的心身疲惫的程度。

疲劳量表 –14（Fatigue Scale–14，或 FS–14）是英国 Kings College Hospital 心理医学研究室的 Trudie Chalder 及 Queen Mary's University Hospital 的 G. Berelowitz 等专家于 1992 年共同编制的。

疲劳量表 FS–14 由 14 个条目组成，每个条目都是与疲劳相关的问题。被测试者根据实际情况，回答"是"或"否"。

1.你有过被疲劳困扰的经历吗?

2.你是否需要更多的休息?

3.你感觉到犯困或者昏昏欲睡吗?

4.你在着手做事情时是否感到费力?

5.你在着手做事情时并不感到费力,但当你继续进行时是否感到力不从心?

6.你感觉到体力不够吗?

7.你感觉到你的肌肉力量比以前减小了吗?

8.你感觉到虚弱吗?

9.你集中注意力有困难吗?

10.你在思考问题时头脑像往常一样清晰、敏捷吗?

11.你在讲话时会出现口头不利落吗?

12.讲话时,你发现找到一个合适的字眼很困难吗?

13.你现在的记忆力像往常一样吗?

14.你还喜欢做过去习惯做的事情吗?

注:＊为反向计分

评分方法:被试者仔细阅读每一条目,根据被试者的实际情况回答"是"或"否"。第10、13、14这3个条目为反向计分,即回答"是"计为0分,回答"否"计为"1"分,其他11个条目都为正向计分，即回答"是"计为"1"分，回答"否"则计为"0"分。将第 1~8 条的分值相加即得出躯体疲劳分值，将第 9~14 条的分值相加即得出脑力疲劳分值，躯体疲劳分值和脑力疲劳分值之和则为疲劳总分值。躯体疲劳分值最高为 8 分，脑力疲劳分值最高为 6 分，总分值最高为 14 分。分值越高，说明疲劳程度越高。

③生活事件测验（Life Event Scale，简称 LES）

来自生活事件的压力对心身健康有极大的影响。1986 年，我国研究者杨德森、张亚林于前人工作的基础上编制了"生活事件量表"。LES 表共含有 48 条较常见的生活事件，包括三方面的问题：家庭生活方面（28 条）、工作学习方面（13 条）、社交及其他方面（7 条）。LES 适用于 16 岁以上的正常人，神经症、心身疾病、各种躯体疾病患者。

下面是每个人都有可能遇到的一些日常生活事件，根据个人情况自行判断是"好事"还是"坏事"。这些事件可能对个人有精神上的影响（体验为紧张、压力、兴奋或苦恼等），影响的轻重程度各不相同，影响持续的时间也不一样。根据自己的情况，实事求是地回答下列问题，在最合适的答案上打钩。

生活事件名称	事件发生时间				性质		精神影响程度					影响持续时间				备注
	未发生	一年前	一年内	长期性	好事	坏事	无影响	轻度	中度	重度	极重	三月内	半年内	一年内	一年以上	
举例：房屋拆迁			√			√	√						√			
家庭有关问题																
1. 恋爱或订婚																
2. 恋爱失败、破裂																
3. 结婚																
4. 自己（爱人）怀孕																
5. 自己（爱人）流产																
6. 家庭增添新成员																
7. 与爱人父母不和																
8. 夫妻感情不好																
9. 夫妻分居（因不和）																
10. 夫妻两地分居（因工作需要）																

生活事件名称	事件发生时间				性质		精神影响程度				影响持续时间				备注
	未发生	一年前	一年内	长期性	好事	坏事	无影响	轻度	中度	重度	极重	三月内	半年内	一年内	一年以上	
11. 性生活不满意或独身																
12. 配偶一方有外遇																
13. 夫妻重归于好																
14. 超指标生育																
15. 本人（或爱人）做了绝育手术																
16. 配偶死亡																
17. 离婚																
18. 子女升学（就业）失败																
19. 子女管教困难																
20. 子女长期离家																
21. 父母不和																
22. 家庭经济困难																

138

生活事件名称	事件发生时间				性质		精神影响程度					影响持续时间				备注
	未发生	一年前	一年内	长期性	好事	坏事	无影响	轻度	中度	重度	极重	三月内	半年内	一年内	一年以上	
23. 欠债																
24. 经济情况显著改善																
25. 家庭成员重病、重伤																
26. 家庭成员死亡																
27. 本人重病或重伤																
28. 住房紧张																
工作学习中的问题																
29. 待业、无业																
30. 开始就业																
31. 高考失败																
32. 扣发奖金或被罚款																
33. 突出的个人成就																
34. 晋升、提级																

生活事件名称	事件发生时间				性质		精神影响程度					影响持续时间				备注
	未发生	一年前	一年内	长期性	好事	坏事	无影响	轻度	中度	重度	极重	三月内	半年内	一年内	一年以上	
35. 对现职工作不满意																
36. 工作学习中压力大（如成绩不好）																
37. 与上级关系紧张																
38. 与同事邻居不和																
39. 第一次远走他乡异国																
40. 生活规律重大变动（饮食睡眠规律改变）																
41. 本人退休离休或未安排具体工作																
社交与其他问题																
42. 好友重病或重伤																
43. 好友死亡																

续表

生活事件名称	事件发生时间				性质		精神影响程度					影响持续时间				备注
	未发生	一年前	一年内	长期性	好事	坏事	无影响	轻度	中度	重度	极重	三月内	半年内	一年内	一年以上	
44.被人误会、错怪、诬告、议论																
45.介入民事法律纠纷																
46.被拘留、受审																
47.失窃、财产损失																
48.意外惊吓、发生事故、自然灾害																
如果您还经历其他的生活事件,请依次填写																
49.																
50.																

正性事件值		家庭有关问题	
负性事件值		工作学习中的问题	
总值		社交及其他问题	

测验的记分：一次性的事件，如流产、失窃要记录发生次数。长期性事件，如住房拥挤、夫妻分居等不到半年记为 1 次，超过半年记为 2 次。影响程度分为 5 级，从毫无影响到影响极重分别记 0 分、1 分、2 分、3 分、4 分，即无影响为 0 分、轻度为 1 分、中度为 2 分、重度为 3 分、极重为 4 分。影响持续时间分三月内、半年内、一年内、一年以上共 4 个等级，分别记 1 分、2 分、3 分、4 分。

生活事件刺激量的计算方法：

①某事件刺激量＝该事件影响程度分 × 该事件持续时间分 × 该事件发生次数

②正性事件刺激量＝全部好事刺激量之和

③负性事件刺激量＝全部坏事刺激量之和

④生活事件总刺激量＝正性事件刺激量＋负性事件刺激量

结论：LES 总分越高，反映出个体承受的精神压力越大。95％的正常人一年内的 LES 总分不超过 20 分，99％的不超过 32 分。负性生活事件的分值越高，则表明对身心健康的影响越大，正性生活事件分值的意义尚待进一步的研究。

④人际关系综合诊断量表

本测评量表由郑日昌教授编制。从交谈、交友、待人接物、与异性交往等方面全面地评估被测试者当前的人际状况，并给出人际改善建议。

本量表共 28 个问题，每个问题回答"是"（打√）或"否"（打×）。请认真完成，然后参看后面的记分方法，对测验结果做出解释。

1. 关于自己的烦恼有苦难言。

2. 和生人见面时感觉不自然。

3. 过分羡慕和妒忌别人。

4. 与异性交往太少。

5. 对连续不断的会谈感到困难。

6. 在社交场合感到紧张。

7. 时常伤害别人。

8. 与异性来往感觉不自然。

9. 与一大群朋友在一起，常感到孤寂或失落。

10. 极易受窘。

11. 与别人不能和睦相处。

12. 不知道与异性相处如何适可而止。

13. 当不熟悉的人对自己倾诉他的生平遭遇以求同情时，自己常感到不自在。

14. 担心别人对自己有什么坏印象。

15. 总是尽力使别人欣赏自己。

16. 暗自思慕异性。

17. 时常避免表达自己的感受。

18. 对自己的仪表（容貌）缺乏信心。

19. 讨厌某人或被某人所讨厌。

20. 瞧不起异性。

21. 不能专注地倾听。

22. 自己的烦恼无人可申诉。

23. 受别人排斥与冷漠。

24. 被异性瞧不起。

25. 不能广泛地听取各种意见、看法。

26. 自己常因受伤害而暗自伤心。

27. 常被别人谈论、愚弄。

28. 与异性交往不知如何更好地相处。

计分标准：打"√"的计1分，打"×"的计0分，总分：___

结果解释： ①如果总分为0~8分，说明受测者善于交谈，性格开朗，主动，关心别人，对周围朋友很好，愿意与他们在一起，彼此相处得不错。②如果总分为9~14分，说明受测者与朋友相处有一定的困扰，人缘一般。与朋友的关系时好时坏，经常处于起伏变动之中。③如果总分为15~20分，说明受测者在与朋友相处时存在严重困扰。④如果分数超过20分，则表明人际关系行为困扰程度很严重，而且在心理上出现较为明显的障碍。受测者可能不善于交谈，也可能是个性格孤僻的人。不开朗，或者有明显的自高自大、讨人嫌的行为。

⑤其他压力相关自评量表简介

抑郁–焦虑–压力量表（DASS–21）。这个量表包括3个分量表，共21个题项。根据被测试者过去一周的情况分别考察个体对抑郁、焦虑，以及压力等负性情绪体验程度。由Lobvibnd等在1995编制。经国内外已有研究检验，该量表的信度和效度良好。

工作压力量表。采用Price（2001）摘自Kim et al.（1996）的工作压力问卷量表，其四个构面分别为：①工作负荷。指个人对于完成职务所需的工作负荷程度；②角色冲突。指个人对工作所需尽义务的不一致；③角色模糊。指对个人的工作目标及其义务模糊不清；④资源不足。指缺乏足够的工具以完成工作之所需。采用Likert五点计分法计分，同意程度区分为：非常同意、同意、没意见、不同意、非常不同意五个等级，依其情况分别给予5~1分，负向题则以相反的方式计分。分数越高，代表其工作压力越大。

中国人婚姻质量问卷。由国内程灶火等在2004年编制，包含10个维度：性格相容、夫妻交流、化解冲突、经济安排、业余活动、情感与性生活、子女与婚姻、亲友关系、家庭角色和生活观念。每个维度有9个条目，共90个条目。每个条目采用1~5级评分。婚姻质量包含10维度。所得的标准分数越高，则满意水平越高。得分7分以上表示婚姻比较满意；5~7分可认为婚姻满意度在一般水平；得分3~4分表示不太满意；低于3分为极不满意。总体满意度水平采用百分制，得分越高表示满意度水平越高。0~29分表示极不满意，30~49分表示不太满意，50~70分表示为一般水平，71~90分表示比较满意，大于90分表示极为满意。

中文人生意义问卷（C–MLQ）。大量的实证研究表明，人生意义在缓解考试焦虑、应对疾病、调节压力中起着重要作用，而且生命意义能够持续地预测心理健康。人生意义问卷（Meaning in life questionnaire，MLQ）是美国学者Steger等于2006年编制，用于测量人生意义的两个因子：人生意义体验和人生意义寻求。二者各含5个条目。中文人生意义问卷由国内学者王孟成、戴晓阳修订，适用对象主要为大学生。

（3）使用自测压力量表的注意事项

①选用压力量表的时候，首先应充分了解该量表的性能与结构，是否符合自己的评价目的，是否能够解决自己想要解决的问题。

②了解该量表的心理测量学性能。如果同时有几个同类型量表可供选择，通常应该选择信度和效度齐全、性能较好的量表，特别是那些经过大量研究，被反复证明性能可靠的量表。

③了解量表的实施方法是否有特殊要求，了解测验需要的时间。实施难度高，单次测验持续的时间太长，都有可能会影响到测验的信度和效度。

④测评前需清晰地理解量表的指导语内容，测验时按要求进行操作。

⑤测试的结果不能作为唯一评定的依据。应结合多种方法，结合自己的具体情绪，综合分析做出评价，不可将心理测试作为唯一的评定依据。

四、似动图检测法

信息社会，网络资源极为丰富，压力检测方法也有很多。有些既有别于传统心理学的测量方法，既实际可行、又科学有效，同时还很有趣味性。似动图检测法便是近年来较为流行的一种检测压力及心理承载能力的有效方法。它简单高效，测试效果明显，又具有很高的趣味性、观赏性和娱乐性，并且会令人感觉到回味不尽、奥妙无穷。下面就是一个经典的似动图例子（图 4-4-1）。

图 4-4-1 似动图 1

当你看到这幅图案的时候，有没有觉得它有些局部会神奇地在旋转呢？更奥妙的在于，当你情绪平和、气定神闲地定睛观望时，你所重点关注的部分在当下一刻凝滞下来；而当你眼神犹疑、神情恍惚、心烦意乱、身心疲倦时，图的旋转速度会加快，参与旋转的部分都会增大、增多起来；当视觉的专注点在图上迅速移动时，又可能发现，凡经过之处静若处子，焦点周边却动如脱兔；当你能做到"如如不动"般的一心不乱、纵观全局时，便能够让一切安宁下来，随自己的心念而坚如磐石、稳若泰山。显然，图是静止的，而我们产生的视觉感受却可能千变万化，呈现出丰富多彩、形形色色、形态万千的结果。

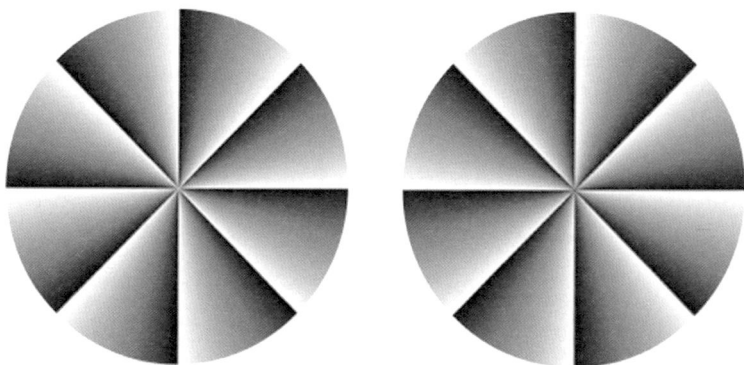

图 4-4-2　似动图 2

再来看一些经典的例子：是否感觉到此图（图 4-4-3）或似飘动、或似闪烁；时而欣然，时而平静；时而顺时、时而逆时；时而局部、时而整体……正是因为它似动而非动，实则不动，故命名为"似动图"。它的精妙之处在于，明知真相，却会实时感受到真真实实出现在眼前的神奇般的错觉。是眼睛欺骗了我们，还是创作者的故意？究竟为何会有这样奇异的效果呢？

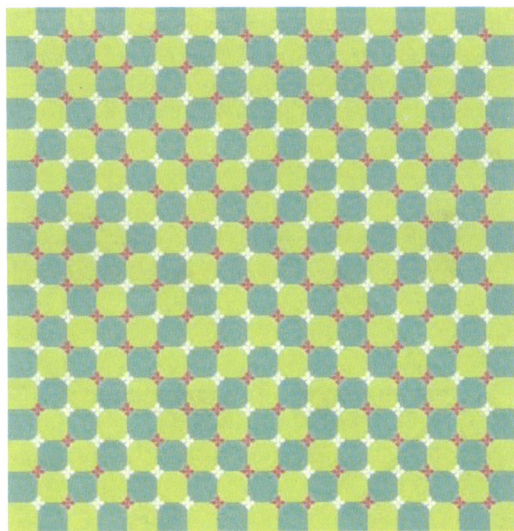

图 4-4-3　似动图 3

关于这个问题，心理学和医学研究者早在 20 世纪 70 年代便开始了关注。但在之后的近 20 年，相关系统的研究才陆续开展。1979 年，Fraser 和 Wilcox 曾报道过一种被称为"自动扶梯错

图 4-4-4　似动图 4

觉"（escalator illusion）的现象，也被称为 Fraser–Wilcox 错觉，成为最早的与似动现象相关的正式报道。1999 年，心理学家 Faubert和 Herber 首次正式提出"周边漂移错觉"（peripheral drift illusion，简称 PDI）的概念，专指在锯齿状亮度变化效果的视觉边缘会产生看似运动的错觉效应。2003 年，日本立命馆大学的北冈明佳（Akiyoshi Kitaoka）和京都大学的芦田宏（Hiroshi Ashida）提出了阶梯式亮度变化比平滑亮度过渡更能体现周边漂移错觉的原理，并根据这些优化理论设计了增强化的周边漂移错觉的效果。同年9 月他们运用重复不对称图案（repeated asymmetric patterns，简称RAPs）设计的著名的作品《旋蛇》，引发了人们研究周边漂移错觉的强烈兴趣。2005 年，Conway 等人利用初级视皮（V1）层和中颞区（MT）的神经细胞进行研究，揭示了周边漂移错觉的神经基础，即具有方向选择性的神经元对不同的对比度刺激做出的反应时间存在差异。其中，神经元对高对比度刺激的反应更快。同年，宾夕法尼亚大学的 Backus 和 Oruç在研究中提出了周边漂移错觉感知模型。他们指出，颜色和对比度都是增强周边漂移错觉的关键因素。2006 年，北冈明佳研究发现，周边漂移错觉中最具迷惑性的颜色组合是蓝色 – 黄色和红色 – 绿色。《旋蛇》也开始有了各种色彩更绚丽的版本。在这些研究的推动下，周边漂移错觉图片的设计也越发精致多样。越来越多的现代手法和技术被运用在似动效应图的创作中，越来越多千姿百态的优秀作品被创作出来。随着人们对人体整体运行机制的不断深入研究，相信更多新的奥秘将会被发现。

基于以上原理，我们不难了解，在重重压力之下，人的身心状态会偏离理想平衡态。尤其是不合理情绪引起的生理失衡，会使人的神经系统、脑功能、视觉通路等受到不同程度的影响，从而产生一系列综合后果，包括上述提到的视觉皮质神经元反应时差和视觉认知效能受影响等。一般来说，人的身心系统越不平衡，图中的动态效果会越显著。所以通过图的运动效果的显著度可以很直观地反映在压力作用下人的身心系统的平衡水平，反映人当下的情绪稳定度、生理反应的灵敏度和平衡性，并反映出压力对人体系统的整体影响水平等。不过，似动图在压力检测领域的使用很长时间以来存在争议，不同专业领域的专家学者和研究工作者都从自身的角度提出过不同的观点。有些认为它是一项极易于普及和推广，易于辨析和评估的有效检测方法。有些则认为对于客观检测而言，了解其基本规律和原理的被试者往往容易产生"作弊"行为倾向。即明确了解测试结果选项与压力，或者说与自己身心状态及心理承载能力的关联性，可能会带着自我愿望、主观或者欺瞒的动机，反馈的是偏离真实的答案，从而混淆视听，使检测结果不符合真实情况。也有些专家认为，似动图对于人体基于生理反应规律，尤其是大脑神经元对视觉影响的反应、反馈特质，所获得的结果并非完全等同于人的压力大小或主观体验到的压力大小。他们认为，更精准的表述应当是反映了人在不同身心状态下、不同情绪状态下的心理承受能力、生理自我调节能力的平衡态水平的高低等。还有些学者认为，压力与压力承受者的身心各方面平衡状态本身就息息相关，无可拆分，故而完全可以通过似动图法进行较为精准的压力测试或主观压力感受的测试。

从现代整体生命科学的角度看，人体是由物质身体各项组织器官及系统，加上无形的身体系统结构，例如经络、脉道等能量网络、信息网络，与情绪、心智和思维意识等复杂运作构架间，各部分相对独立又步调一致、协同运作的一整套巨系统。其间各部分的功能水平状态、先天强弱基础、后天维护和保养情况等都相互影响，在个体与外界环境间不断多元互动的漫长过程中不断累积，共同决定当下时刻的身心状态。故而人的身、心，或生理、心理，或物质、情绪能量、思维意识的信息及能量，与人的整体在每个时刻、方方面面状态的综合呈现之间皆密不可分。而压力则是一个个体面对各方面外界刺激条件，在自身内在意识思维共同推动作用下，共同形成的身心的主观感受。身心系统的每一个环节都参与这种总体感受的形成过程，改变任何一条件，可能就会改变相应的结果。因此，把压力、身心的承载力通过经由视觉反应通路检测生理反应水平，进而得出压力现状的途径是有效和符合逻辑的。例如，一个人的睡眠品质不佳，既可能导致体力不支、犯困、怕冷、食欲不振、节律紊乱等生理方面，也可以导致情绪烦躁、低迷、不饱满、精神萎靡不振，陷入一种不易自拔的情绪，还可能导致精力匮乏、精神恍惚、反应力水平下降、感官敏锐度下降、注意力涣散、思维能力下降、内心缺乏工作动力、缺乏价值感、使命感等思维意识、以及心智和内在能量。在现实中，压力往往是影响睡眠质量的一种重要因素，对于一个身心健康、积极乐观、情绪饱满、生命活力充沛的个体，身心承载能力完全能适应该压力挑战水平，那么压力便不容易对睡眠品质构成威胁。反之，当个体的身心承载能力不足时，睡眠便成为压力引起的身心失衡结果的具体呈现，进而产生一系列以上所述的综合表现。有些个体更多体现在生理功能水平方面，而有些则更多体现在情绪或者心智方面，具体因人而异。无论是哪个方面，但凡出现以上任意一种不平衡的表现，一定是身心的某些环节产生了失衡。而这种失衡，一定与该个体身处的外部环境和其自身存在的相应短板之间的互动匹配和长期累积息息相关。牵一发而动全身，观细节而知全貌。所以不难理解，通过似动图观察法来反映当下个体身心互动平衡水平，不失为一种高效快捷的方式。只要在具体操作流程中采取科学有效的手段对其主观性或欺瞒性加以有效阻断，还原真实可靠的测试结果，似动图测试法即可成为一种简易直观、易于复制和普及、且具备高效度的行之有效的实用方法。

似动图除了能方便地进行检测外，还能给我们什么启示呢？自古人们就说：眼见为实、耳听为虚。而如今，明摆在面前的一幅真真切切的、并不算太复杂的图案，却传递出千变万化的讯息，挑战了人在认知真理过程中最仰赖的、也是最易受到局限和阻碍的感官——视觉。根据科学研究，人类接收的外部世界各种信息中，有70%甚至80%以上来自于视觉，这自然让人形成了对视觉的偏好与依赖。凡是要检验一件事物是真是假，必然需要亲眼所见，否则难以接受或信任。人们时常会以盲人摸象的例子来说明因"看"不见而产生的偏激和错误的执念。然而，明明白白看得见、真真实实未改变的一张平面构图，却如同万花筒般变化多端魅力无穷，同时还可以让人清晰地感受到，图的变化实时反映我们的内心活动、情绪状态、身体状况、压力感受等等。收到的不同效果，不是因为我们影响到了图，而是我们的状态影响到自己对客观真相中信号的接收、转换、解译、辨识、领悟的过程。这不禁使人联想起一个富有深意的禅机故事——风动、旗动还是心动。客观事物存在的真实状态究竟如何，事实上在很多情况下并未受到观察者的影响。要获取客观真相，往往不是一件十分容易的事。既要完整全面而透彻，又要不带偏激和主观，同时还要确保我们自己的身心状态，或者说生命状态保持在一个理想完善的平衡点上，方能破除迷雾、洞悉真相。而现代的快节奏和高压力，常常使人心恍惚、思维纷乱，带着这样的身心状态、眼耳鼻舌去感受这个世界时，试问能获得多少客观真相呢？有多少错觉误判会在偏听偏信中混淆我们的认知、干扰我们的生活？又有多少美好会被我们在匆匆忙忙中遗漏？现代人往往缺乏一颗安定的内心，因而多为纷纷扰扰的外环境所干扰，压力山大、心力交瘁，对自己、对他人及事物、对过往及未来的判断往往也会产生偏差。偏差造就了恐惧、犹疑、不甘、侥幸、失落、悲伤、自卑、不安全感、不信任、揣摩猜忌、不被认同、偏激的评判，等等。令自己远离真相，引发进一步烦恼和不平衡、更大压力的感受。周而复始、恶性循环，越活越不清晰，对未来和对自己越来越缺乏把握。内心充斥迷茫，失去正确的目标和信心。这与摸象的盲人并无本质的差异，都是我们用动荡的心、不明的眼，在对事物做出自己都无法确信的错误判断。所以，似动图提示我们，要把握真相，就需要身体健康、情绪平稳、身心和谐平衡，缺一不可。最核心的是要拥有一颗安宁的内心和洞悉事物的明亮的眼睛。当心明眼亮，一切洞悉，那么各种因盲目茫然而产生的错觉、幻觉和压力，便自然遁形了。

.

第 四 章

具体解决方案 ▸

一、思维意识转换法

1.思维意识与压力

同样一件事，为何有的人觉得无所谓，有的人觉得受不了？同样一个人对待同样一件事，为何有时候觉得无所谓，有时候又觉得受不了？世界还是那个世界，事情还是那件事情，因为"感觉"不同，结果也就大不一样。压力的产生也是如此。

从生命健康角度来看，个体的压力通常包含三个部分：一是来自外部环境或是自身内部的刺激，也就是压力源；二是个体对压力源刺激的反应，也就是压力反应；三是对压力源和压力反应的主观感受。所以，压力是一个过程，一个从压力源刺激到个体反应的动态过程。整个过程中，个体的主观评价始终起着决定性的作用。因为来自外部或内部的刺激只能作为潜在的压力源存在，只有当个体把这种潜在的压力源评价为一个压力事件时，才能成为一个真正的压力源。同时，许多影响压力反应的中介因素，也正是通过影响个体对潜在压力源的主观知觉评价过程而发生影响作用的。

有这样一个故事。一位老太太有两个儿子，大儿子卖伞，二儿子晒盐。老太太差不多天天为两个儿子愁。愁什么？每逢晴天，老太太就叹息：这大晴天，伞可不好卖哟！于是为大儿子忧。每逢阴天，老太太又嘀咕：这阴天下雨的，盐可咋晒？于是为二儿子愁。终于积忧成疾，卧病在床，真是"可怜天下父母心"。两个儿子倒也孝顺，四处访医问药。幸访得一智者，口授一计说："晴天好晒盐，老太太应为二儿子高兴；阴天好卖伞，老太太该为大儿子高兴。这么一想，保你不发愁喽！"老太太依计而行，果真变愁苦为欢乐，日渐心宽体健起来。细细品味这故事，无非是在告诉我们：人生快乐与否，在人不在天，在人不在物，全看你怎样对待生活。

个体在对事物进行认知的过程中，会利用头脑中原有的知识经验来比对或解释新输入的信息，进行评估，然后产生各种身心体验和感受。所以，当压力源出现后，个体对事物的体验究竟是积极的还是消极的，与身心系统里原有的经验和意识有密不可分的关系。调整、修缮和完善个体意识库中对事物的各种认知和意识，对缓解和减轻压力感受，提升压力承载力有着非常重要的意义。

2.思维模式

思维方式是人们观察、分析和解决问题的模式化、程式化的

"心理结构"，是人们看待事物的角度、方式和方法，它对人们的言行起决定性作用。

斯坦福大学心理学教授卡罗尔·德韦克认为，随着年龄增长，人们逐渐建立起关于自己的"思维模式（Mindset）"，它是决定一个人如何解释现实并做出反应的内心态度。Stephen R. Covey 等将其表述为"思维定式"（Paradigm）。

心理学研究表明，一个人的思维方式与其情绪反应和压力感受密切相关。认知心理学认为，一个人的情绪和压力感受并非由事件所引起，而是由个体的思维方式所决定的。即思维决定情绪和压力感受，不同的思维模式决定一个人的行为选择。

思维模式多种多样，从逻辑的丰富度上讲至少有四种典型模式，即：立体思维、平面思维、直线思维、点状思维。不同的思维方式决定了不同的思维结果。

> **立体思维模式：** 特点是善于整体（全面、完整、多角度 / 立体、统一）地、动态（历史、现实、发展）地、辩证地、联系地思考一切事物。这种思维方式属于睿智的思维方式。

> **平面思维模式：** 特点是既考虑事物的纵向联系，又考虑事物的横向联系，前后左右都能思考到。

> **直线思维模式：** 特点是只考虑事物的纵向联系，不考虑事

物的横向联系。"一根筋"想到底。

> **点状思维模式**：特点是就事论事，毫不考虑事物之间的联系，把事物当作孤立存在的东西去对待。

逐步建立和完善分析看待事物的立体思维模式，是个体心智成长和成熟的关键之一。立体思维模式有利于消除生活学习和工作中很多不理解、不接纳、不可以、不应该或是不合理的要求和期待，可以有效缓解许多人际互动等方面的压力。

3.**思维意识转换减压的方法**

思维意识转换的方法有很多，下面是一些常见的、行之有效的减压方法。

（1）**转换思维角度**　面对压力事件，人们容易陷入过往的思维定式之中。所以，我们要不断给自己植入这样的理念：还有其他看待和分析事情的角度。换个角度分析和看事物，心身系统的感受就会不一样。例如，对同一个刺激事件的评价，有人认为是好事，也可能有人认为是坏事，所谓仁者见仁，智者见智。对于压力源的刺激事件来说，积极的人不仅能够看到好事的"好"，还能看到坏事的"好"——消极事件背后的积极意义。所以，积极乐观的人，即使身处逆境，也能够坦然面对并最终走出逆境，他们所体验到的压力感就小很多。相反，消极悲观者不仅认为坏事就是坏事，而且还会觉得好事远不够好。这样，他们从"坏事"中所体验到的压力感相对更大，从"好事"中所得到的快感与支持也相对更少，总体的压力感自然就大很多。

（2）建立立体整体思维模式　建立立体整体思维模式，能让人在分析和看待事物时从不同面、动态发展、相互联系、整体上来考虑，避免了仅从点、线、面上静止、孤立、局部地看待事物。就像登山看风景，从东南西北不同面登山，看到的风景是不同的。自己所看到的，只是在一条登山路上的风景，不代表所有登山路径上所能见到的全部风景。在其他方向的登山路径上、在高空俯瞰、在不同季节、在山的表面或内部（如洞穴）等不同时空环境视角下，所见到的风景也不尽相同。带着这样的心态和思维去看待工作中的事情，去处理人际关系，会减少很多不理解、争执甚至冲突，改善我们的人际关系。

（3）建立新认知和意识　不断突破自我局限和限制，建立和植入正向积极的意识，有助于帮助我们在遇到压力事件时调用高意识，从而减少压力。许多人在生活中因为对自己或他人有各种"要求""规范""期望"而产生失落、愤怒、焦虑，影响到了人际关系。有的人对自己的健康、孩子的未来或是爱情关系有挥不去的担忧，有的人对自己不自信并严重影响学习、工作和生活。下面是一些积极正向的思维意识，可以结合自己的情况经常植入，建立新的认知和意识，有助于减轻或缓解压力。

1. 对"要求""规范""期望"带来的压力进行思维意识转换

将要求、规范、期望转换为尊重、理解和接纳。正向意识参考语句：

（1）我接纳和尊重我的孩子 / 每一个人。每个人都是独立的个体，都有他 / 她独特的性格特质和天赋特长。

（2）我尊重和理解他人的思维模式和表现，我真实真诚地表达自己的看法和建议，同时尊重他人自己的选择和决定。

（3）我接纳事物呈现的多种可能性，事情的每种结果都有其必然性和积极的意义。

2. 对不自信带来的压力进行思维意识转换

将不自信转换成发现和肯定自己的独特性及优势。正向意识参考语句：

（1）我是自信的，我是被支持和被爱着的。我能发挥自己的优势和特长，我是有价值的！

（2）我尊重自己，我可以轻易与他人打成一片，并能欣赏别人的意见与感觉。同时，我一直与自己的内心保持连结。

（3）我现在永远放下了过去的创伤和往事，我是自由的。我觉得彻底安全与放松。

3. 对健康方面担忧的压力进行思维意识转换

将担忧转换为接纳、欣赏和爱。正向意识参考语句：

（1）我的身体是完美的、健康的。我爱自己身体的每一个部位和身上的每一个细胞。

（2）我是生活中爱和美的充分表达。我爱我的身体。任何东西都是美丽的。

（3）我接纳并深爱我自己。我爱我的身体，我的身体具有强大的自我修复和自我平衡功能。

4. 对关系的担忧进行思维意识转换

将担忧转换为祝福和信任。正向意识参考语句：

（1）我尊重、信任和祝福孩子，他／她的未来是符合他／她的。

（2）我的生活是和谐的，我用爱和快乐并以"立体、整体的方法"看任何人、任何事。

（3）我爱自己、赞同自己；我爱他人、赞同他人；我经历的事变得越来越好。

（4）我在与人交往中表达自己的爱和同理心，融洽、和谐的关系包围着我。

（5）我诚实地表达我的想法与感觉，并且诚实地对待自己和他人，从现在直到永远。

二、身体释放法

面对压力源刺激时，人身体系统会启动应激机制，主要表现是通过神经－内分泌两大主要途径，使体内肾上腺激素、皮质醇等应激激素增加，心率加快、血压升高，心脏、大脑、肌肉等重要器官供血增加，肝糖原释放，最终目的是调用机体能量储备，给"战斗－逃避反应"提供所需能量。如果长时间处于压力应激状态，机体内肾上腺激素和皮质醇等应激激素一直处于较高水平，在面对压力应激反应的过程中，被调用的能量有可能因没有得到充分流动和释放而在体内累积，甚至发生瘀滞和瘀堵，导致后续一系列的生理心理效应。所以，根据压力－应激反应机制，将压力应激反应过程没有被转化、没有被释放的应激激素和能量转化掉或释放掉，是缓解和减轻压力感受的有效途径。

运用身体释放法，可以使局部或全身骨骼肌有意识、主动和有节律地收缩和放松，促进身体内没有充分流动、释放和转化的能量去流动、释放和转化，恢复身体正常的张力，缓解肌肉关节僵硬和酸痛等不适。通过规律运动，还可以促进脑垂体激素、β内啡肽等的释放，减少紧张、焦虑、低落，增加快乐和愉悦度。身体收缩－放松的过程中一般会配合特定的呼吸，这样还能够促进交感神经和副交感神经的平衡，提升二者的和谐度，更有助于缓解压力和增加个体对压力的承载力。

三、心理疏导法

心理疏导被誉为"温柔的精神按摩"。通常是通过劝导、启发、安慰和教育等具体方法和技术，对个体的情绪问题或发展困惑等进行疏泄和引导，使当事者的认识、情感、意志、态度、行为等发生良性变化，从而支持个体的自我调适和发展。心理疏导可以提高个人的自我管理、人际关系，是压力管理方面最常见的方法之一。

心理疏导应用的领域非常广泛。专项领域有社区矫正心理疏导、社区管理心理疏导、企业管理心理疏导、婚姻家庭心理疏导、养老护理心理疏导、教育顾问专向心理辅导等等。专项的心理疏导需要相应的专业知识和心理疏导技术，对从业者的职业素养有相应的要求。

当然，除了寻求专业人士协助压力管理之外，平时进行自我心理疏导同样非常重要。自我心理疏导有助于建立和完善心智模式以及积极正向的心态，修缮和扩展意识，对促进身心健康和平衡，缓解各种压力有着积极的作用。下面介绍几种简便易行、对缓解压力有较好效果的自我心理疏导的方法。

1. 感恩减压法

许多研究发现，心怀感恩不仅能够改变心态，对人体健康也很有好处。

美国加州大学戴维斯分校的心理学教授 Robert A. Emmons 等发现，感恩之情能给个体的生活带来巨大且长期的影响。这种态度具有的效果包括降低血压、增强免疫系统功能以及促进睡眠效果等等。Paul J. Mills 等研究也发现，心怀感恩的人显示出更多的幸福感，更少的抑郁情绪，疲劳程度较低并且拥有更好的睡眠。当一个人处在感恩的心态中时，会感觉精神更加集中，更能感受到与周围环境的互动。这些感受与处在压力状态中的感受完全不同。还有研究发现，感恩之情可以增强人的免疫系统。美国犹他大学和肯塔基大学的研究人员发现，在压力巨大的法学院学生当中，性格属于乐观派的人，体内用于对抗疾病的细胞数量比较多。

有研究发现，连续两周写"感恩日记"后，压力感受能减轻

28%，抑郁感受能减轻 16%。有写"感恩日记"习惯的人摄取的脂肪比没有这种习惯的人低 25%。心怀感恩的人，皮质醇这类压力激素的水平也比其他人低 23%。研究甚至发现每天心怀感恩具有延缓大脑老化速度的效果。

Emmons 教授表示，之所以抱有感恩的心情能够带来这些显著的效果，是因为与感恩之情相关的各种情绪发挥了作用。感恩之情作为一种认知和感受生活的方式，能够激发出其他的积极情绪。这些情绪能够带来一些实际的身体促进效果，比如增强免疫系统、帮助改善内分泌系统功能等。

有研究表明，当心怀感恩时，体内的副交感神经系统会受到触动带来一些健康保护效果。这些效果包括降低皮质醇激素水平，增加对人际关系和情绪都有正面效果的催产素的分泌等。

对于想不到有什么事可以心怀感恩的人来说，通过写感恩日记找到让自己感恩的小事，并把关注放在这类事情上，渐渐地也能够变得心怀感恩，为人处世的方式也会有所改变。

所以，每天进行15分钟以上的感恩练习，从感恩自己的身体、感恩身边的人事物、感恩自然等开始，培养发自内心的感恩之情；每天填写感恩列表；每天写感恩日记，去发现、挖掘和记录生活工作中观察和经历到的人事物。这些方法会对缓解身心压力、改善人际互动等有非常好的效果。

2. 内省减压法

内省又被称为自我观察，是心理学的一种研究方法。在研究过程中，通常要求被试者把自己的心理活动报告出来，然后通过分析报告资料，总结得出某种规律性的心理学结论。

内省法是指人对于自己的主观经验及其变化的观察，要在不同的情境中观察经验的变化，也要在同一情境中重复观察心理经验。内省不是指在心理现象发生的此时此刻进行观察，而是指对心理现象所遗留的"最初记忆"的观察（回放观察），所以这样的内省过程不会妨碍心理现象的进行。

从通俗意义上来说，内省是指人们对已经经历的往事进行心理回溯的过程，是对自身思维及行动的检讨和总结。意图从检讨和总结的过程中发现自身过往行为里的缺陷与不足，找出值得发扬的优点与长处，使自身今后的思维更为科学理性，行为与环境得到更加和谐的互动效果。内省法能使个人清楚地了解自己的观念，让个人可以用一面"镜子"照出自己对世界的看法。

用内省法来认识自己的内心世界，这种方法古已有之。"吾日三省吾身"（《论语·学而》），每天在内心多次省察自己的思想、言行有无过失，儒家自孔子开始就已经很注重这种内心的修养。

笔者所在团队应用"和思内省心阅法"十多年。方法是：利用晚上睡前的空暇时间，对自己每天的生活、工作、学习、人际互动各方面中自己的心念、自己的言语、自己的所作所为、自己的情绪状态等进行慢慢地、详细的回放，同时细心地去捕捉和觉知在这个过程中身体整体的状态（如体态、力量、体能等），各部分的局部状态（例如脏腑、骨骼、头部、胸腔、腹腔、四肢等），以及心情状态，觉察并内省哪些认知、规条、看法、语言表达方式（用词、语气等），做法可以做得更完善到位、更具正能量，以后再次遇到同样或类似情况会如何去处理和面对。

这种方法能逐步完善和修缮自己的意识、情绪反应模式、处事方式，多角度立体看待和分析事物的思维模式，对缓解紧张、焦虑，改善抑郁、平和情绪、提升睡眠质量，促进身心健康和平衡有很好的效果，能够充分发挥个体在压力管理中的主观能动性。

3. 自我放松减压法

找一个安静的环境，以舒适的姿势坐下，轻轻闭上双目，放松全身肌肉，用鼻子缓慢地呼吸。在吸气的同时默念"静"，呼气时微微张开双唇同时默念"松"字，努力将注意力集中在"静"

和"松"字上，并保持随意的状态，不要理会脑海中涌现出的种种干扰。反复练习上述过程。每次可持续10分钟，每天可做2~3次，直到身心感到轻松为止。

四、环境调节法

这里所说的环境，是指个体的外部环境，包括自然环境、居住生活环境及工作环境等等。每个个体都生活在特定的环境之中，时刻与周围的环境进行物质能量和信息的互动。所以，一个人的身心状态及平衡时刻都会受到外部环境的影响。个体的情绪和对事物的感受与其所处的环境密切相关。例如，有的人在阴雨天会感到心情沉闷、不开心。环境嘈杂、环境的颜色等许多因素都会影响到人的思维和情绪。在伦敦附近的泰晤士河上，有一座著名的波利菲尔大桥。它的著名不在于桥的设计和外观，而在于每年都有很多人在这里投河自尽。由于这里自杀者的数目太惊人，伦敦市议会希望皇家医学院研究人员帮助寻找原因。皇家医学院的研究人员发现，自杀和桥的颜色有很大的关系。根据研究结果，政府把桥身的黑色换成了绿色。当年，跳桥自杀的人就减少了56%。

生理心理学表明，感受器官能把物理刺激能量，如压力、光、声和化学物质，转化为神经冲动，神经冲动传到大脑而产生感觉和知觉。而人的心理过程，如对先前经验的记忆、思想、情绪和注意集中等，都是人脑较高级部位所具有的机能，它们表现了神经冲动的实际活动。医学家费厄（Fere）研究发现，肌肉的机能和血液循环在不同色光的照射下会发生变化。蓝光下最弱，随着绿、黄、橙、红的变化依次增强。通过研究多人的行为发现，正像维生素能滋养身体一样，色彩会直接或间接地影响人的情绪、精神和心理活动。不同色彩通过人的视觉反映到大脑中，除了能引起人们产生阴暗、冷暖、轻重、远近等感觉外，还能产生兴奋、忧郁、紧张、轻松、烦躁、安定等心理作用。所以，利用环境因素来进行缓解或减轻个体的压力，是一种非常有效的方法。

1. 自然环境中释放压力

人体是大自然中的一个小宇宙。中国传统文化非常强调人与自然的和谐，倡导天人合一的健康养生理念。当一个人感觉到身体和心理的压力时，到风景秀丽、天气适宜的大自然中去感受和欣赏自然之美，让自己身心整体融入自然环境中，与自然同呼吸，感受花草树木的生命力，把自己所有烦恼、不快和压力通过跑跳、喊叫、呼吸等方式释放到大自然中，这样能有效缓解身心压力。

这种方法对缓解身体健康压力、人际关系压力等有较好效果。

2. 环境转移减压法

如果用火炉上的高压锅来比喻一个人的压力状态的话，熊熊燃烧的炉火就好比是压力源，身心压力就像是高压锅内的压力。当锅内压力很高，并持续上升超出减压排气口的排气能力时，高压锅会有爆炸的危险。这时，将高压锅远离火炉是减少锅内压力的根本途径。在人体系统身心备受压力源煎熬，压力源的刺激又持续存在时，在条件允许的情况下，暂时离开压力源所在的环境，让身心系统进入"冷却"减压状态，可避免压力过载而导致严重的身心问题。在身心系统压力减轻或缓解后，再结合思维意识转换等方法去面临未来的压力挑战。在一个人的人际互动等方面出现持续冲突或短时间内剧烈冲突时，这是一种较好的处理方式。

3. 居家工作环境调节减压法

随着生活节奏的加快，都市上班族常常感受到巨大的压力。不断加班、出差、应酬，为了生活，风雨里也要四处奔波。不管在外面有多大的生活压力，多大的烦恼，多大的委屈，回到温暖舒适的家是最大的慰藉。家具和房间饰品选择适宜的颜色，除了能赋予家居环境更多的时尚格调和舒适氛围，还能起到调节人的情绪，缓解身体和心理压力的作用。

从心理学角度来说，不同的颜色有不同的减压功效：

> 黄色：属于暖色调，给人温暖的感觉。这种颜色适合生活单调的人作为家居及工作环境的色彩。

> 绿色：能缓解视觉疲劳，让人心情平和、安定。容易焦虑的人，可以在家居或办公室中多加一些绿色元素。缓解焦虑，有利于集中思绪，提高工作效率。

> 橙色：是追求时尚的年轻人的最爱。它让人充满活力，生活也就会感觉精力充沛。

> 蓝色：容易联想到蓝天和大海，让人很安静，情绪安定。适合思维比较单调的人，可以让他们产生遐想，发散思维。但抑郁或是精神处于萎靡状态的人不宜过多接触。

> 淡紫色：给人安静、成熟知性的感觉。适合成熟女性的卧室家装，也有助于睡眠。

> 红色：让人兴奋，还会产生血压升高作用。缺少激情和冲劲，处于低落状态的人可在家居和工作环境中加入更多的红色元素。

> 粉色：温柔之色。心理实验表明，让发怒的人观看粉红色，其情绪会很快冷静下来，适合工作压力较大的上班族。

> 褐色、棕色、咖啡色系：具有稳定情绪作用，但是长时间接触也会令人沉闷、活力下降。

一般来讲，浅蓝色、浅黄、橙色等有利于保持精神集中、情绪稳定；而白色、黑色、棕色等对提高注意力不利。

当然，家居和办公室的颜色不宜太多太杂，主体颜色最好不要超过三种，否则会让人更加烦躁不安。

不同的人对不同的色彩会有不同的好恶。这种心理反应，常常是因人们生活经验、利害关系以及由色彩引起的联想造成的。此外也和人的年龄、性格、民族、习惯分不开。例如看到红色联想到万物生命之源太阳，从而感到崇敬、伟大。也可能联想到血，感到不安、野蛮。看到黄绿色会联想到植物发芽生长，感觉到春天的来临，于是把它代表青春、活力和平等等。看到黑色，联想到黑夜，从而感到神秘、悲哀、不祥、绝望。看到黄色似阳光一般普照大地，感到明朗、活跃、兴奋。人们对色彩的这种由经验感觉到主观联想，再上升到理智的判断的特点，既有普遍性，也有特殊性；既有共性，也有个性。因此，在利用居家、工作场所等环境色彩来减压时，还需根据个体的具体情况具体分析，不宜一概而论。

　　当然，除了环境的色彩，音乐和芳香也能营造和提升家居和工作环境的舒适度，对减压也能起到很好的效果。关于这方面的内容在以后有专门的章节进行介绍。

第 五 章

检测效果

一、工作、学习压力和效能评估

当个体的压力状态通过特定的、有效的方法调整到一个适度的程度，能够胜任，甚至能够转化为促进绩效的有效推动力时，其应对相同压力时的承载力、反应模式、身心和谐度水平等等，都会呈现出更完善的状态。在日常生活中，自我心理调适能力、人际交往能力等水平，是比较容易从人的言行举止等外在呈现方面进行观测、捕捉和反馈的。除此以外，工作及学习的效能则是较为客观和切实的实际可测量的指标。工作及学习效能的评估是直观、简便、易操作的，是检测个体的减压效果、检测减压方法应用前后身心状态的改变的途径。效能的评估，既有对个体一般效能的评估，也有特定方面的效能评估，还有通过其他相关指标测试，间接反映减压效果对工作学习效能提升的积极效应的评估。如工作满意度的提升、工作超负荷感的下降、工作挫折感的降低、工作角色冲突感的下降、组织分配公平感的改善，工作与家庭等非工作因素冲突感的降低，以及价值感、成就感等的提升，等等。

对于工作和学习效能的评估，针对不同年龄、性别、文化、身份和社会角色（如儿童及青少年学生、成年全职学生、成年全职工作者、半脱产学习者等）、学习及工作性质（义务教育、自费学习、工费/公派学习、专业/职业/基础学习等）等，均有不同特点与差异。就最普遍的情况而言，通常有两种方式来检验或评估其效能。

1. 简单自评和他评

自评，即自我评价、自我评估（self evaluation），指通过科学、有效的测量与评价工具（如量表等）对自己某些方面的特质和水平进行自我检测并得出相应的评估结果。简单自评相对他评而言，更便于独立操作完成，所耗时间及精力成本也相对更低，复杂性也较低。然而，在自测评价过程中保持客观中立，是获得精准评估结果的重要保障之一，这往往是自评比他评方式容易出现主观性偏差的劣势之一。

简单自评的具体内容包含实际绩效和自我感受，即：客观成绩、业绩和成果的变化——实际产出评估或结果导向性评估、工作和学习过程中自身身心压力体会（如对压力感受性的评估，以0~10分的分值表示主观压力感受从无压力到极大压力，并做出前后对比分析）、应激模式改变的自我辨识及觉察（如相同压力源刺激条件所引发的压力感受的强弱差异等等）。对此，客观成绩在客观量化、对比分析、直观性等方面存在着诸多优势。值得注意的是，由于作为对比的指标是成绩或业绩，这其中除了源自压力承载力的改变带来的变化外，还会受到不同时间段、不同任务、要求、目标及目的、考评方式、个体其他生心理水平、生物节律及外界客观环境影响等方面导致的变化。因此，虽可作为较简单直观的评价方式，但需要考虑如何有效抽取因减压带来的效应部分，从而做出较为客观合理的评价。

他评即来自他人（上级、老师、领导、同事、下属、同学、亲友等）的评价和评估（可采用0~10分的定量式评估，或主观语言文字描述定性评估）。一方面，从他人的视角来观察，能更全面、多视角地进行观察，避免个体对自己产生"庐山效应"，导致自我辨识和觉察的盲点和遗漏，导致不客观的片面的评估。另一方面，因为他评是基于每一个他方个体的，其评价的客观程度会随着对方的身心状态（情绪状态、意识状态、健康状态、身心能量饱满度及平衡度等）、价值观、观察的细致程度、认知能力、分析及分辨能力、个人偏好、对受评价者的固有观念和思维方式（如消极、积极、偏情绪化、偏理智等）、性格、双方关系紧密度与和谐度等等诸多方面的综合因素影响，因而有可能偏离真相与客观事实。对此，可通过参考、汇集多方共同参与的综合绩效评估结果，作为近似客观、完整和全面的评估结果。

2. 借助专业测评工具的评估

借助专业心理学量表，对个体的压力承载力、对压力的主观感受、工作和学习绩效、工作学习过程中对压力的应激模式的改变、对压力的认知和自我转化、调节能力的改变等等情况或水平进行检测和评估，也是常见的检测方法。以下简列举几种常见的，具有普适性的测评量表，帮助读者掌握基础的专业测评工具及其实际应用方法。

① 一般自我效能感量表

一般自我效能感（General Self-Efficacy Scale，简称 GSES）是指个体对自身行动的控制与主导方面的自我感受。一般而言，一个能较为自信、积极地处理各种人事和其间关系的人，具备较高的自我效能感，即"相信"自己能处理好各种事务。自我效能感是个体内部存在的，是在应对不同环境中各种压力与挑战时，能够采取适当应对行动的身心综合状态和能力水平的标志之一。

心理学家班杜拉（Banadura）在其社会认知理论中对自我效能感做了大量实证研究。研究发现，不同自我效能感的人，其感觉、思维及行动特质均不同。例如，在感觉层面，自我效能感与抑郁、焦虑、无助等情绪状态密切相关；在思维方面，自我效能感则能促进人的认知过程和成绩，包括决策质量、学习成就等。自我效能高的人往往会倾向于选择更具挑战性的任务，或为自己设定更高的目标并为之坚持到底，遭遇挫折时能较快恢复平常状态。大量研究结果表明，个体自我效能感与学习及工作绩效、心理及生理健康、职业规划及选择等均有着紧密联系，因此它被广泛应用于心理学、教育学、管理学、社会学、医学以及其他身心健康领域。同时，Schwarzer 等在 GSES 的长期实证中发现，该量表的测试结果在不同文化及国家间存在显著差异，但仍然具备较好的信度和效度。其内部一致性系数在 0.75~0.91 之间，与自尊、乐观主义等有正相关关系，与焦虑、抑郁、生理症状等有负相关关系。简而言之，自我效能感可被理解为个体在某方面的或普遍存在的，对自己能有效达成既定目标的自我信念。

一般自我效能感量表（General Self-Efficacy Scale, GSES）由德国临床和健康心理学家 Ralf Schwarzer 教授等于 1981 年编制完成，目前已被翻译成近 30 种语言，在全球得到广泛应用。1995 年，香港大学张建新和 Schwarzer 开始应用 GSES 量表的中文版，并被验证具有良好的信度和效度。

> **量表项目及评估标准说明**

GSES 共有 10 个项目，涉及个体遇到挫折或困难时的自信心。

采用 Likert 4 点量表形式，各项目均为 1~4 评分。被试根据自己的实际情况对每个项目回答"完全不正确""有点正确""多数正确"或"完全正确"。评分时，"完全不正确"记 1 分，"有点正确"记 2 分，"多数正确"记 3 分，"完全正确"记 4 分。

> GSES 量表使用注意事项

1) 进行本量表评估前，必须让被试者理解指导语及有关问题。

2) 量表由被试者自行填写，可用于个别测试，也可用于团体测试。

3) 一般来说，本量表适用于大、中学生群体。

4) 必须答齐全部 10 题目，否则无效。

> 统计指标及结果分析

GSES 为单维量表，没有分量表，因此只统计总量表分。把所有 10 个项目的得分加起来除以 10 即为总量表分。

1~10 分：表示自我效能感低，可能存在自卑感。建议自我鼓励，客观全面地对待自己的优缺点，学习欣赏自己；10~20 分：表示自我效能感较低，有时会感觉信心不足，对完成目标缺乏把握。建议梳理并找到自己的优势，进行客观全面的自我认知，并进行自我欣赏；20~30 分：表示拥有较高的自我效能感；30~40 分：表示自我效能感非常高，建议同时要保持理智，切勿忽略自身缺点，低估目标或掉以轻心。

> GSES 量表内容

指导语：以下 10 个句子有关你平时对自己的一般看法，请根据你的实际情况（实际感受），在合适的□内打"√"。答案没有对错之分，对每一个句子无须多考虑。

□完全不正确　□有点正确　□多数正确　□完全正确

1. 如果我尽力去做的话，我总是能够解决问题的。
□　□　□　□

2. 即使别人反对我，我仍有办法取得我所要的。
□　□　□　□

3. 对我来说，坚持理想和达成目标是轻而易举的。
□　□　□　□

4. 我自信能有效地应付任何突如其来的事情。
□　□　□　□

5. 以我的才智，我定能应付意料之外的情况。
□　□　□　□

6. 如果我付出必要的努力，我一定能解决大多数的难题。
□　□　□　□

7. 我能冷静地面对困难，因为我信赖自己处理问题的能力。

☐　☐　☐　☐

8. 面对一个难题时，我通常能找到几个解决方法。

☐　☐　☐　☐

9. 有麻烦的时候，我通常能想到一些应付的方法。

☐　☐　☐　☐

10. 无论什么事在我身上发生，我都能应付自如。

☐　☐　☐　☐

②工作压力及工作绩效量表

a）工作压力量表

在心理学、管理学等领域，对工作压力及其影响的研究由来已久。国内外众多研究者都从不同角度对工作压力进行了深入研究，取得丰富的研究成果。工作压力，顾名思义指由工作及相关条件或因素给个体带来的身心压力的感受。Lazarus 早在 1966 年就提出压力认知交互作用理论，认为压力是随时间和任务的变化而变化的。个体和环境的关系、个体与环境的匹配程度、工作的时间、任务及其动态性等，均影响到个体在工作中感受到的压力水平。French（1972）提出了个体 – 环境匹配理论，指出压力的因素不是单独的环境或个人因素，而是个人和环境相互联系的结果。20 世纪 80 年代以来，工作压力模型进一步融合了社会支持维度，并逐步发展成为工作需求－控制支持模式（JDCS）（1999年）。张西超（2003 年）认为，工作压力管理的目的并非彻底消除压力本身，而是学会有效应对压力的方法。在实际管理工作中，应当更多运用心理学、医学等方法，从不同层次和角度缓解个体工作压力。此外，有许多研究表明，工作压力来源与诸多因素相关，例如工作任务、人际关系、时间、工作环境、领导风格、工作责任、工作性质、行业特质等等。因此对工作压力的测量也有许多不同的工具。在实际中较多应用的有 Cooper Sloan & Willams 的工作压力指标量表（OSI，1988），Hurrell & McLaney 的工作控制量表，Osipow 的职业压力问卷（OSI），Phillip L. Rice 的工作压力问卷等。国内研究者根据国情，针对不同行业的特点所编制并常用的问卷有马超和凌文辁的"国有企业员工心理压力问题问卷"（2004 年），封丹珺和石林的"公务员工作压力源问卷"等。

下面是根据众多国内外常见工作压力量表综合筛选汇编而成的，由 15 个题项构成的普适性工作压力测试量表。采用 Likert 4 点量表形式，以 1 分表示"完全不符合"，2 分表示"较不符合"，

3分表示"较为符合"，4分表示"完全符合"。实测使用时，被测试者根据具体情况真实、完整作答。

评估方法：以15题项总分为计，可作为单次评估参考。亦可对减压前后的工作压力水平做分值对比。

评估标准：总分在15~20分表示压力很小；21~29分表示有适当压力；30~39分表示有较大压力；40~60表示有很大压力，处于身心超负荷状态。

1. 我的工作量很大 ……………………………………（ ）

2. 我的工作需要常常加班，缺乏自由和休息的时间 ……（ ）

3. 我的直接上司对我的工作质量提出了过高的要求 ……（ ）

4. 我的工作任务十分繁重，时间紧迫 …………………（ ）

5. 我的工作任务太复杂或者太难了 ……………………（ ）

6. 我对自己的工作职责不是很清楚 ……………………（ ）

7. 我的工作任务、工作目标没有显现出有多大价值 ……（ ）

8. 我不太清楚组织（公司等）对我的期望 ……………（ ）

9. 我与同事有冲突或不愉快 ……………………………（ ）

10. 我在工作时感到被孤立……………………………（ ）

11. 我在工作上没有足够的个人发挥空间 ……………（ ）

12. 我在本组织得到提升的可能性很小…………………（　）

13. 组织薪酬制度存在不合理的地方　………………（　）

14. 组织对我的表现没有足够的正向反馈　…………（　）

15. 家人对我的工作不够理解和支持…………………（　）

b）工作绩效量表

长期以来，对工作目标的达成、工作绩效水平的提升、工作绩效的评估考核分析等的研究和实践，是企业管理、心理学等领域的重要课题。在影响工作绩效的因素方面，存在着各种不同见解。例如，员工本身的专业能力、认知能力、学习能力、沟通能力、思维模式、情绪反应模式、心理承载能力、抗压能力、主观能动性等；企业或组织对员工的激励、培训、晋升机会的提供、工作环境和条件的提升等等。既包括个体的主观因素，又包括各种外在的客观因素。其中，主观和客观因素综合作用使个体产生的工作压力感受，以及应对压力的能力和模式，是影响工作绩效非常关键的因素。因此，有效减缓工作压力和科学合理地调适自我心理，显然有助于工作绩效的提升。工作绩效的划分有不同种类。例如，鲍曼（Borman）将工作绩效划分为"任务绩效"和"周边绩效"。前者指完成某一工作任务所表现出来的工作行为和所取得的工作结果，主要体现在工作效率、工作数量和工作质量等方面。后者则包括人际因素、意志动机因素，例如，保持良好的工作关系、坦然面对逆境、主动加班等。根据不同观点，对工作绩效的专业评估方式也有着较大差异。本书在汇集相关专业评估工具（即量表）的基础上，基于实用的目的，经筛选修订，形成如下15个题项的工作绩效量表，采用Likert 4点量表形式，以1分代表"完全不符合"，2分代表"较不符合"，3分代表"较为符合"，4分代表"完全符合"。实测使用时要根据具体情况真实、完整作答，并须根据具体行业性质、文化背景、个人专业背景等方面综合考量而定。

评估方法：以15题项总分为计，可作为单次评估参考，也可对减压前后的工作绩效水平做分值对比。

评估标准：总分15~20分为绩效较低；21~29分为绩效尚可；30~39分为绩效较佳；40~60为绩效优良。

1. 我经常主动提出承担负有重要责任且挑战性大的工作（　）

2. 我经常主动解决工作中的问题 ……………………（　）

3. 为了完成任务，我会坚持克服一切困难 …………（　）

4. 为了完成工作任务，我会自主加班工作 …………（　）

5. 为了完成工作任务，我会废寝忘食，占用私人空闲时间（ ）

6. 我能严格遵守企业规章制度 ……………………（ ）

7. 我能高质量地完成所承担的工作任务 …………（ ）

8. 我通常及时或提早完成工作任务 ………………（ ）

9. 我工作完成后，经常能达到或超过预期目标 …………（ ）

10. 我的工作效率非常高……………………………（ ）

11. 我与单位同事关系非常融洽 …………………（ ）

12. 我会主动协助同事完成其工作……………………（ ）

13. 我能公平对待同事 ……………………………（ ）

14. 我会为同事取得优秀成果而感到高兴 ……………（ ）

15. 我经常理解、关心同事………………………………（ ）

③学习压力及绩效量表

a）学习压力量表

学习压力的来源、原理、影响及转化的方法，在教育学、心理学、医学、管理学等领域素来已有长期研究和实践。造成学习压力的原因既包含个体身心特质方面的（包括身体、情绪、心智及认知、价值观、个性、生物节律等）因素，又有来自具体学习内容、学习目标、要求、具体实施方案及过程，教师特质、学习环境、相关条件、考核制度，相关社会制度及规范、社会发展进程、文化习俗等等一系列丰富而复杂的因素。故而学习压力的专业测量工具各有千秋、不一而足。本书基于实用性和简便性原则，汇集修订成简易的学习压力量表，每题采用3分计分法，以供日常实测应用。

使用说明：请回顾过往一周至今是否出现过下列情况，并以1~3分在（）中打分。其中，1分表示"从未发生"，2分表示"偶尔发生"，3分表示"经常发生"。

评估方法：以15题项总分为计，可作为单次评估参考，亦可对减压前后的学习压力水平做分值对比。

1.觉得时间不够用，必须争分夺秒，以至于走路说话节奏快，甚至闯红灯。……………………………………………（　）

2.觉得手头学习任务过重，几乎无法按时完成。………（　）

3.学习上受挫时容易心情不好，例如低落、抑郁，不愿交流等状况。……………………………………………………（　）

4.学习特别紧张时，容易心情烦躁，脾气不好，被打搅时有时会发怒。………………………………………………（　）

5.学习紧张时感觉头痛、肩颈或后背酸痛，胃不适或食欲不

振，失眠、无力。………………………………………………（　）

6.害怕同学在考试或平时学习表现中超越自己。………（　）

7.没有娱乐时间，思维状态终日被学习占据。…………（　）

8.担忧老师、家长及其他人对自己学习方面的负面评价。（　）

9.有时不自主地陷入游戏、玩耍及其他不良嗜好，试图逃避压力感。…………………………………………………（　）

10.重大测试或考试很久前就开始进入精神紧绷、节奏不愿被打乱的状态。…………………………………………（　）

11.考试或测试前入睡困难，躺下后思维反复，难以安睡。………………………………………………………（　）

12.担心自己未来的前途。……………………………（　）

13.总觉得作业太多，无法保质保量完成。……………（　）

14.因考试或测评中出现的错误而时常感到内疚及自责。（　）

15.在取得较理想成绩后，希望始终保持理想状态，担忧出现下坡状况。…………………………………………………（　）

评估标准：总分在15~19分表示有轻微压力；20~25分表示压力程度尚可；26~35分表示压力较大；36~45分表示压力极大。

b）学习绩效

国内外关于学习绩效的研究虽历时已久，但许多学者仍持有不同观点。有的学者认为，除了学习成绩以外，学习绩效还体现在能力、社交、个人改进学习行为有效手段，以及离校后表现方面（汪小刚，2004 年）。有的学者则认为，学习绩效指通过良好学习情境及满意的师生互动过程，提高学生知识水平和学习成效（郝建春，2005 年）。还有研究者认为，学习绩效包括素质、行为、时间等不同维度，是学生在既定时间内通过学习产生的学习行为和素质发展的一系列变化（王冬，2008 年）。也有人认为学习绩效主要体现在学习效率，学习成果的质量、数量和学习效益等方面。也人有认为体现在学习倾向和学习业绩的总和上（温学，2012 年）。更有较为综合的理论模式，认为学习绩效受教学特征、学习者特征及环境特征多方面因素影响。总而言之，影响学习绩效的因素既包含个体身心特质因素，又包括在接受学习过程中所有相关外界与个体互动中含有的因素，不一而足。而其中大多数因素始终是在动态变化中的。对于学习绩效的评估，本书不列举具体专业量表，可根据实际情况进行不同角度的观察评估及分析。重要的是，可根据减压前后的个体学习绩效水平进行对比分析，从中获取对减压结果有效的检验，以便改进或调整减压策略及方案。

二、专注力检测评估

当一个人的压力感受被减轻，身心的平衡状态也会随着改善和提升，其表现之一就是专注力会得到提升。专注力提升后人的反应速度会提高，能保持更长时间的专注去完成工作任务，效率更高。这也是压力承载力提升的表现。下列方法既可以当作专注训练，又能够帮助了解自己专注力的提升情况。

方法一　大脑控制身体的自我观察及训练

1. 准备好一个闹钟或计时器。

2. 坐在一把安乐椅或半斜靠背的椅子上，观察自己保持怎样的平静。

3. 将精神专注于安静地坐着，观察身体是否有不自觉的肌肉动作。

4. 开始时先设定计时 5 分钟，观察自己能否以某个放松姿势坐上 5 分钟。能够较好地保持安静之后，再将时间增加到 10 分钟，然后增加到 15 分钟。

注意：过程中绝不要让自己紧张地保持这一安静状态，必须完全放松。

这种方法简便易行，不需要特殊辅助仪器或器材，并且有助于养成放松身体的习惯。如果感觉压力减轻，大脑能够较好地控制自己的身体，也能对自己的身体状态有较好的觉知。同时能够较长时间保持此种既专注、身体又安静放松状态。

方法二　舒尔特方格

在一张方形卡片上画上 1CM×1CM 的 25 个方格，格子内任意填写上从 1 到 25 共 25 个阿拉伯数字。训练或测试时，要求被测者用手指按 1~25 的顺序依次指出其位置，同时诵读出声。施测者一旁记录所用时间。数完 25 个数字所用时间越短，表明注意力水平越高。18 岁及以上成年人达到 8 秒的水平最佳，20 秒为中等水平，25 秒为下等水平。

舒尔特方格不但可以简单测量注意力水平，而且是很好的注意力训练方法，也是心理咨询师进行心理治疗时常用的基本方法。通过舒尔特表动态的练习能锻炼视神经末梢。心理学上用此表来研究和发展心理感知的速度，其中包括视觉定向搜索运动的速度；培养注意力集中、分配和控制能力；拓展视幅；加快视频；提高视觉的稳定性、辨别力、定向搜索能力。随着练习的深入，眼球的末梢视觉能力提高。初学者可以有效地拓展视幅，加快阅读节奏，锻炼眼睛快速认读。进入提高阶段之后，能拓展纵横视幅，达到一目十行、一目一页。非常有效。

按字符顺序，迅速找全所有的字符，平均1个字符用1秒钟。即9格用9秒、16格用16秒、25格用25秒，成绩为优良。刚开始练习时，达不到标准是非常正常的，切勿急躁。应该从9格开始练起，感觉熟练或能比较轻松地达到要求之后，再逐渐增加难度。

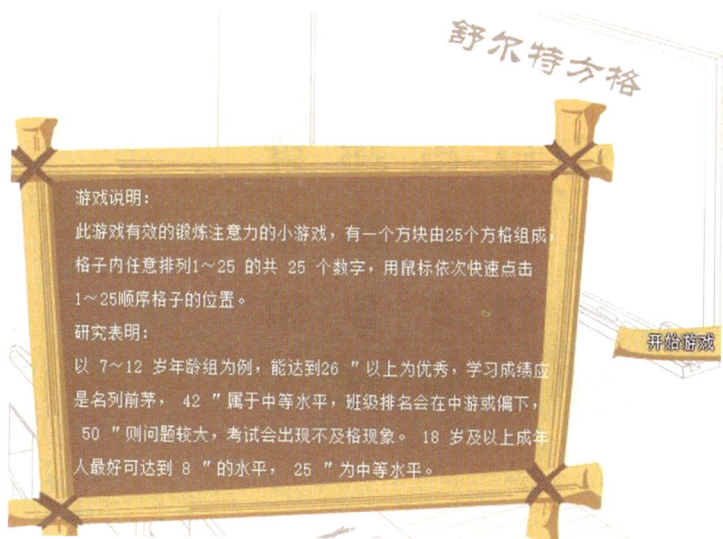

图 6-2-1

千万不要急于求成而使学习热情受挫。视野较宽、注意力参数较高的读者，可以从 25 格开始练习。如果有兴趣继续提高练习的难度，还可以自己制作 36 格、49 格、64 格、81 格的表。为了避免反复用相同的表产生记忆，可以自己动手制作不同难度、不同排序的舒尔特表。规格大致为边长 20 厘米的正方形，1 套制作

图 6-2-2

10张表。如果在方格里写汉字，则一定要选择自己熟悉的文字。

训练或检查时注意：

1）眼睛距表格 30~35 厘米，视点自然放在表的中心。

2）在所有字符全部清晰入目的前提下，按顺序（1~9，A~I，汉字应先熟悉原文顺序）找全所有字符。注意不要顾此失彼，为找某一个字符而对其他字符视而不见。

3）每看完一个表，眼睛稍做休息，或闭目，或做眼保健操，不要过分疲劳。

4）练习初期不考虑记忆因素，每天看 10 个表。

舒尔特方格是全世界范围内最简单、最有效也是最科学的注意力训练方法。寻找目标数字时，注意力是需要极度集中的。反复练习这种短暂的、高强度的集中精力过程，大脑的集中注意力功能就会不断地加固、提高，注意水平会越来越高。

目前，手机、平板电脑上都有舒尔特方格 APP，网上也有免费的相关训练和测试项目，应用起来非常方便。

方法三　脑波专注力测试

基于脑波参数和脑工作原理而开发的便携式佩戴脑波分析设备，通过无线方式连接手机移动端或电脑，可方便地、随时随地进行脑波数据的检测。相关的程序均可以进行专注力和放松度检测功能，同时还有进行专注力和放松度训练的功能。脑波仪能够实时观察专注或放松状态，还可以通过生物反馈训练逐步掌握快速提升和保持专注度或放松度的能力，以及既专注又放松的状态。处于既高度专注又高度放松状态时，我们可以更高效地工作和应对压力，同时不容易疲劳。所以脑波专注力测试能够较好地反映压力管理后身心状态改善的效果，在压力得到有效的管理后，人的专注力会较前有所提升。

三、幸福感评估检测

幸福感是指人类基于自身的满足感与安全感而主观产生的一系列欣喜与愉悦的情绪，与个体的压力状态和感受紧密相关。因此，对个体的幸福感进行评估，能较好地在一定程度上反映压力管理的效果。

在心理学领域，幸福感有心理幸福感与主观幸福感之分，这也是当代心理学中关于幸福感研究的两个方向。

心理幸福感（Psychological Well-being，简称 PWB）是个体根据自定的标准，通过对自我生存质量进行综合评价而产生的一种比较稳定的认知和情感体验。其评价指标包括自我接受、个人成长、生活目标、良好关系、环境控制、独立自主、自我实现、生命活力等一系列维度。

　　主观幸福感（Subjective Well-Being，简称 SWB）主要是指人们对其生活质量所做的情感性和认知性的整体评价。在这个意义上，决定人们是否幸福的并不是实际发生了什么，而是人们对所发生的事情在情绪上做出何种解释，在认知上进行怎样的加工。SWB 是一种主观的、整体的概念，它评估的是相当长一段时期的情感反应和生活满意度。

　　对幸福感的测量，西方心理学家、社会学家和经济学家等已经探索了几十年，已有一定的知识和经验积累。即便如此，尚未有任何一种幸福感测量工具能够得到普遍认同，许多量表仍在不断改进之中。中国与西方国家由于在社会意识形态、文化背景及由此形成的普适性社会心理倾向等方面都存在差异，从而对幸福的理解不会完全相同，感受幸福的方式也会有所差异。目前国内幸福感测量应用较多的是总体幸福感量表（中国版）。

　　总体幸福感量表（General Well-Being Schedule，Fazio，1977，简称 GWB）是为美国国立卫生统计中心制订的一种定式型测查工具，用来评价被试者对幸福的陈述。GWB 量表共有 33 项，其中第 1、3、6、7、9、11、13、15、16 项为反向评分，即得分越高，幸福感越高。除了评定总体幸福感，本量表还通过将其内容组成 6 个分量表，从而对幸福感的 6 个因子进行评分。这 6 个因子是：对健康的担心（第 10、15 项）、精力（第 1、9、14、17 项）、对生活的满足和兴趣（第 6、11 项）、忧郁或愉快的心境（第 4、1、18 项）、对情感和行为的控制（第 3、7、13 项）以及松弛与紧张 / 焦虑（第 2、5、8、16 项）。

在对一个样本为 190 名大学一年级学生（包括 79 名男性和 111 名女性）的测试中，本量表前 18 项的平均得分，男性为 75 分，女性为 71 分（标准差分别是 15 分和 18 分）。1996 年，中国的段建华对该量表进行修订，采用该量表的前 18 项对被试者进行施测，也可获得较好的信效度。

> 总体幸福感量表（GWB）（中国版）

以下问卷涉及您近期对生活的感受与看法，无好坏之分，根据自己的现实情况和切身体验回答，并请您仔细阅读每道题目，在相应的答案代码上打 √ 即可。

＊1. 你的总体感觉怎样（在过去的一个月里）？

好极了 [1]　精神很好 [2]　精神不错 [3]　精神时好时坏 [4]

精神不好[5] 精神很不好[6]

2.你是否为自己的神经质或"神经病"感到烦恼（在过去的一个月里）？

极端烦恼[1] 相当烦恼[2] 有些烦恼[3] 很少烦恼[4] 一点也不烦恼[5]

＊3.你是否一直牢牢地控制着自己的行为、思维、情感或感觉（在过去的一个月里）？

绝对的[1] 大部分是的[2] 一般来说是的[3] 控制得不太好[4] 有些混乱[4] 非常混乱[5]

4.你是否由于悲哀、失去信心、失望或有许多麻烦而怀疑还有任何事情值得去做（在过去的一月里）？

极端怀疑[1] 非常怀疑[2] 相当怀疑[3] 有些怀疑[4] 略微怀疑[5] 一点也不怀疑[6]

5.你是否正在受到或曾经受到任何约束、刺激或压力（在过去的一个月里）？

相当多[1] 不少[2] 有些[3] 不多[4] 没有[5]

＊6.你的生活是否幸福、满足或愉快（在过去的一个月里）？

非常幸福[1] 相当幸福[2] 满足[3] 略有些不满足[4] 非常不满足[5]

*7.你是否有理由怀疑自己曾经失去理智，或对行为、谈话、思维或记忆失去控制（在过去的一个月里）？

一点也没有[1]　只有一点点[2]　不严重[3]　有些严重[4]非常严重[5]

8.你是否感到焦虑、担心或不安（在过去的一个月里）？

极端严重[1]　非常严重[2]　相当严重[3]　有些[4]　很少[5]　无[6]

*9.你睡醒之后是否感到头脑清晰和精力充沛（在过去的一个月里）？

天天如此[1]　几乎天天[2]　相当频繁[3]　不多[4]　很少[5]　无[6]

10.你是否因为疾病、身体的不适、疼痛或对患病的恐惧而烦恼（在过去一个月里）？

所有的时间[1]　大部分时间[2]　很多时间[3]　有时[4]偶尔[5]　无[6]

*11.你每天的生活中是否充满了让你感兴趣的事情（在过去的一个月里）？

所有的时间[1]　大部分时间[2]　很多时间[3]　有时[4]偶尔[5]　无[6]

12.你是否感到沮丧和忧郁（在过去的一个月里）？

所有的时间[1]　大部分时间[2]　很多时间[3]　有时[4]偶尔[5]　无[6]

＊13.你是否情绪稳定并能把握住自己（在过去的一个月里）？

所有的时间[1]　大部分时间[2]　很多时间[3]　有时[4]偶尔[5]　无[6]

14.你是否感到疲劳、过累、无力或精疲力竭（在过去的一个月里）？

所有的时间[1]　大部分时间[2]　很多时间[3]　有时[4]偶尔[5]　无[6]

＊15.你对自己健康关心或担忧的程度如何（在过去的一个月里）？

不关心————————————————＞非常关心

[0] [1] [2] [3] [4] [5] [6] [7] [8] [9] [10]

＊16.你感到放松或紧张的程度如何（在过去的一个月里）？

松弛————————————————＞紧张

[0] [1] [2] [3] [4] [5] [6] [7] [8] [9] [10]

17.你感觉自己的精力、精神和活力如何（在过去的一个月里）？

无精打采—————————————————>精力充沛

[0] [1] [2] [3] [4] [5] [6] [7] [8] [9] [10]

18.你忧郁或快乐的程度如何（在过去的一个月里）？

非常忧郁—————————————————>非常快乐

[0] [1] [2] [3] [4] [5] [6] [7] [8] [9] [10]

中级预告

初级减压师经过能力培训，掌握相关理论知识，并经过 90 天线上线下的学习和每天不间断的专业训练后，能对自我压力进行较好的分析、评估和化解，完成"自助"阶段。

在中级减压师的学习中，我们将更全面、更广泛地深入到压力对人的身体系统和心理系统各个层面的深度影响，并对常见的典型情绪，例如愤怒、恐惧、担忧、不耐烦、失望、内疚等等负面情绪引发压力的核心原理、检测手段、疏泄方法、转化技术进行特别教授，使参加培训的减压师不仅具备初级的"自助"能力，而且能进一步达到中级培训的目的——具备协助他人的能力。

减压师职业标准

减压师

（试行）

中国人生科学学会制定

（中国人生科学学会生命科学情绪能量专业委员会）

说　明

　　为了进一步完善国家职业标准体系，为职业教育和职业培训提供科学、规范的依据，根据《中华人民共和国劳动法》的有关规定，在中国人生科学学会生命科学情绪能量专业委员会的协助下，委托有关专家，制定《减压师职业标准》（以下简称《标准》）。

　　一、本《标准》以客观反映现阶段本职业的水平和对从业人员的要求为目标，在充分考虑经济发展、科技进步和产业结构变化对本职业影响的基础上，对职业的活动范围、工作内容、能力要求和知识水平做了明确规定。

　　二、本《标准》的制定遵循有关技术规程的要求。既保证《标准》体例的规范化，又体现以职业活动为导向、以职业能力为核心的特点，同时也使其具有根据科技发展进行调整的灵活性和实用性，符合培训、鉴定和就业工作的需要。

　　三、本《标准》依据有关规定将本职业分为三个等级，包括职业概况、基本要求、工作要求和比重表等四个方面的内容。

　　四、本《标准》在各有关专家和实际工作者的共同努力下完成。

参加编审的主要人员有关山越、欧阳晶文、陶然、杨光。在制定过程中，得到中国人生科学学会等有关单位的大力支持，在此一并致谢。

五、本《标准》一经中国人生科学学会批准，自 2018 年 6 月 16 日起施行。

减压师职业标准

1. 职业概况

1.1 职业名称

减压师

1.2 职业定义

减压师是从事个体或群体压力的分析、评估、监测及咨询、指导和压力危险因素管理，运用压力调节技术和方法进行有效干预的专业能力人员。

1.3 职业等级

本职业共设三个等级，分别为：初级减压师、中级减压师、高级减压师。

1.4 职业能力

具备一定的观察、理解、表达、交流、协调、学习的能力，以及信息的获取、使用和管理能力，帮助释放压力、减轻压力、转化压力的能力。

1.5 基本文化程度

大专毕业（或同等学历）以上。

1.6 申报要求

具备以下条件者可以申报初级减压师：

具有大学专科学历以上，经初级减压师正规培训达到规定标准学时，经考试合格，并取得能力证书。

具备以下条件之一者可以申报中级减压师：

（1）取得初级减压师能力资格证后，每年通过鉴定。

（2）具有大学专科学历以上，经中级减压师正规培训达到规定标准学时，经考试合格，并取得能力证书。

具备以下条件之一者可以申报高级减压师：

（1）经高级减压师正规培训达规定标准学时，经考试合格，并取得能力证书。

（2）具有中级减压师能力资格，每年通过鉴定。

（3）具有大学本科以上学历，从事本职业工作八年以上，担任减压师管理层领导工作三年以上，负责过三个省或大型项目的减压，减压咨询工作已取得一定的工作成果，含研究成果获奖和发表（或出版）成果论文著作等。

1.7 培训场地设备

培训减压师标准教室：有必要的教学设备、设施；室内光线、通风、卫生条件均良好。

1.8 鉴定标准

1.8.1 理论部分的专业能力考评人员，考生分配比例为1:30，每个标准教室专业能力考评人员不少于两名。考生分配比例为1:30，每个考场考评员不少于两名，综合评委不少于五人。

1.8.2 鉴定方式：

（1）各级别的理论知识考试采用闭卷笔试，考试题目从题库中随机提取，按标准答案评分。考试成绩采用百分制，占总成绩的60%。

（2）各级别日常实操训练按90天考核，占总成绩的30%。

（3）实践奉献服务活动占总成绩的10%。

（4）单项成绩可以保留2年。

（5）总成绩60分以上为合格。

1.8.3 鉴定场所设备

理论知识考试和训练实操考核均在标准教室进行综合评审。在条件较好的小型会议室进行，室内需配必需的计算机、照明设备、投影设备，室内卫生，光线，通风条件要良好。

1.8.4 能力认证

按减压师专业能力标准要求，通过理论知识考试和训练实操考试合格的，颁发相应等级的专业能力证书。此证书全国通用。

1.8.5 成绩查询

考试成绩可在中国人生科学学会生命科学情绪能量专业委员会官网查询。

2. 基本要求

2.1 职业道德

2.1.1 职业道德基本知识

2.1.2 职业守则

（1）遵守国家法律法规，热爱本职工作，坚定为国家奉献的精神，刻苦提升专业技能，精进素养，与求助者建立平等友好的协助关系。

（2）减压师平等待人，不得因性别、年龄、职业、收入、民族、国籍、宗教信仰、价值观等任何因素歧视求助者。

（3）减压师在协助关系建立之前，必须让求助者了解减压师的工作性质、特点，以及这一工作可能出现的局限性，告知求助者自身的权利和义务。

（4）减压师在对求助者进行协助时，应与求助者对服务的内容进行讨论并达成一致意见，必要时可与求助者达成书面协议。

（5）减压师与求助者之间不得产生和建立协助以外的任何关系。不得利用求助者对减压师的信任谋取私利。不得对异性有非礼的言行。

（6）当减压师认为自己不适于对求助者进行协助时，应向求助者做出明确的说明，并本着对求助者负责的态度将其介绍给另一位适合的减压师。

（7）减压师有责任向求助者说明减压师工作者的保密原则，以及应用这一原则的限度。

（8）在工作中，一旦发现求助者有危害自身或他人的情况，必须采取必要的措施，防止意外事件发生。必要时及时通知家属或有关部门。

（9）减压师工作中涉及包括但不限于个案记录、测验资料、信件、录音、录像等，均属专业信息，应在严格保密的情况下进行保存，不得列入其他资料之中。

（10）减压师只有在求助者同意的情况下才能对协助过程进行录音、录像。

（11）减压师的工作记录及资料应指定适当场所及人员保管，并负有保密的义务。

（12）减压师接受司法或公安机关询问时，不得做虚伪的陈述或报告。

（13）初级减压师严格遵守只能自助，不能协助他人的原则。若有违规导致求助者身心受到伤害，由该减压师负全部责任。

（14）中级减压师严格遵守只能协助 1~3 人的要求，若有违规导致求助者身心受到伤害，由该减压师负全部责任。

（15）高级减压师可以一对多进行团体、群体减压。

2.1.3 礼仪和礼貌语言知识

（1）真诚尊重原则：真诚尊重是职业礼仪的首要原则。只有真诚待人才是尊重他人，只有真诚尊重，才能创造和谐愉快的人际关系。真诚和尊重是相辅相成的。

（2）平等适度原则：礼仪行为总是表现为双方的，礼仪施行必须讲究平等的原则。平等是人与人交往时建立情感的基础，是保持良好人际关系的诀窍。

（3）自信自律原则：唯有对自己充满信心，才能如鱼得水，得心应手。自信是社交场合中一份很可贵的心理素质。

（4）信用宽容的原则："民无信不立，与朋友交，言而有信。"强调的正是守信用的原则。

2.2 基础知识

一、压力形成的类别

2.2.1 身体的压力

（1）体能超负荷及用脑过度

（2）感知感官通路过载

（3）自身调节能力、平衡能力不足

（4）外界有毒有害物摄入过量或自然环境不利个体生理平衡

2.2.2 心灵的压力

（1）自我认知水平

（2）自身心理调节能力

（3）对未来不确定性的考量

（4）源自心灵深处生命内核的追求

2.2.3 社会关系的压力

（1）源自亲情的压力

（2）源自友情的压力

（3）源自爱情和两性关系的压力

2.2.4 财务的压力

（1）财务压力的来源

（2）财务压力的实质

（3）财务压力的解决方法

2.2.5 社会压力现状

（1）个体现状

（2）家庭现状

（3）社会团体组织现状

（4）社会整体现状

2.2.6 压力的破坏性及导致的身心障碍

（1）破坏身心正常运行，导致疾病、亚健康

（2）破坏人际关系，导致身心疾病

（3）破坏事业劲头，导致事业受阻

（4）破坏财富通道，导致财富流失

2.2.7 检测压力的方法及手段

（1）心率变异性检测法

（2）专注力 – 放松度检测法

（3）压力量表检测法

（4）似动图检测法

2.2.8 具体解决方案

（1）思维意识转换法

（2）身体释放法

（3）心理疏导法

（4）环境调节法

2.2.9 检测效果

（1）工作、学习效能评估

（2）专注力评估检测

（3）幸福感评估检测

（4）情商评估检测

3.1 减压师从业范围

（1）对个体或群体的压力进行分类，以及危害和健康指数评估

（2）对个体或群体的压力进行检测、咨询指导

（3）对个体或群体的压力进行压力健康维护和非疾病管理

（4）对个体或群体的压力进行调整、转化、释放技术的实施

（5）对个体或群体进行压力健康管理，以及创新技术运用和成效评估

（6）对个体或群体进行情绪健康的教育和推广

（7）对抗压新技术的研究开发与应用

3.2 其他相关知识

（1）心理学知识

（2）医学知识

（3）心理健康概念

（4）健康管理相关知识

（4）危险因素干预

（5）培训与指导

3.3 相关的法律、法规知识（卫生法学）

（1）《中华人民共和国劳动法》相关知识。

（2）《中华人民共和国消费者权益保护法》相关知识。

4. 工作要求

本标准对初级减压师、中级减压师、高级减压师的能力要求依次递进，高级别的要求涵盖低级别的要求。

4.1 初级减压师

职业功能	工作内容	能力要求	相关知识
一、压力检测和分类	（一）信息收集	1. 能够选用压力健康调查表 2. 能够填写压力健康信息记录表 3. 能够进行身高、体重、血压等体格测量 4. 能够识别不合逻辑的健康信息记录 5. 能够使用压力来源记录、健康检索信息记录表等常用压力健康信息记录收集信息	1. 信息采集的原则、途径和方法 2. 基本体格测量知识
	（二）信息管理	1. 能够录入信息 2. 能够整理数据 3. 能够用计算机传递和接收健康信息 4. 能够保存压力健康报告	1. 健康信息鉴别与核实的原则和方法 2. 计算机应用基础知识 3. 信息安全知识 4. 个人隐私保护
二、压力风险评估和分析	（一）风险识别	1. 能够识别相关压力危险因素 2. 能够选择压力风险评价指标 3. 能够使用选定的检测设备和压力风险评估工具进行压力健康风险识别	1. 压力危险因素相关知识 2. 压力风险评估工具使用
	（二）风险分析	能够根据识别的压力风险结果做出初步判断	压力风险报告的书写原则和要求

		能力要求	相关知识
三、压力自我调节	（一）释放、减轻	1.能够熟练运用减压师初级的释放技术 2.能够按实操要求加深熟练掌握释放技术	1.压力释放清理方法 2.压力赋能方法
	（二）转化、平衡	1.能够按照既定方案选用教育材料 2.能够在个体或群体中传播压力健康信息	1.教育计划的制定方法和原则 2.信息传播的方法
四、压力危险因素干预	（一）草拟实施干预方案	1.能够按照干预方案制定实施计划 2.能够将进行干预的计划提交中级减压师实施	1.清晰的逻辑思维 2.总结书写能力要求
	（二）数据分析	1.能够使用HRV心率变异仪器检测和谐指数	1.HRV的操作、数据读取，以及报告解答

4.2 中级减压师

职业功能	工作内容	能力要求	相关知识
一、压力检测和分类	（一）信息收集	1.能够收集个体或群体的压力健康信息 2.能够根据压力健康需求设计压力健康调查表	1.群体压力健康及其影响因素 2.问卷制定与考评知识 3.常用调查方法
	（二）信息分类管理与使用	1.能够分类和汇总收集到的信息 2.能够检索、查询、更新和调用信息 3.能够建立压力健康档案 4.能够分析动态信息资料 5.能够撰写压力健康信息分析报告	1.信息分类和检索相关知识 2.压力健康档案设定基本原则、内容和方法 3.常用数据处理方法和步骤 4.压力健康信息分析报告的书写知识

	（三） 监测方案 制定与实 施	1. 能够设计压力健康和疾病史采集方案 2. 能够设计减压方案 3. 能够制定动态减压指标监测方案 4. 能够制定方案实施时间表 5. 能够对 1~3 人的来访者进行压力释放清理 6. 能够评估监测方案，并对方案的实施进行质量控制	1. 压力健康筛选原则与步骤 2. 压力健康风险信息的收集、分类、分析、确定，以及交流、途径和步骤 3. 压力健康监测实施策略知识 4. 1~3 人来访者压力释放清理流程及效果总结 4. 项目管理一般知识
二、 压力风 险评估 和分析	（一） 风险识别	1. 能够鉴别重要的、可优先改善的压力健康危险因素 2. 能够选择、确定评估工具	1. 生活方式对压力健康的影响及评估方法 2. 行为及心理危险因素对压力健康的危害及评估方法 3. 膳食运动与压力健康的关系及评估方法
	（二） 风险分析	1. 能够分析影响压力健康的危险因素及其可能存在的原因 2. 能够评估个体压力健康风险程度 3. 能够解释压力健康风险评估结果	压力健康风险评估知识
三、 压力健 康指导	（一） 压力健康 咨询	能够针对不同需求，用电话、面谈及其他方式进行个性化压力健康咨询和指导	精神疾病、心理疾病的预防控制知识
	（二） 压力健康 教育	1. 能够制定压力健康教育计划 2. 能够组织实施压力健康教育计划	1. 人体或群体压力健康信息需求的评价方法 2. 制定压力健康教育计划原则

四、 压力危险因素干预	（一） 制定干预计划	1.能够根据个体及群体需求评估结果，确定优先干预的健康危险因素 2.能够确定干预的短期目标和长期目标，并制定相应的压力健康干预计划 3.能够根据个人或群体的重点危险因素选择适当的干预手段、场所和策略	1.生活方式、身体活动干预方法 2.行为、心理干预方法 3.制定压力健康危险因素干预计划相关知识
	（二） 实施与评估	1.能够依据制定的干预短期目标和长期目标，分阶段实施压力健康危险因素干预计划 2.能够对方案实施过程进行监控及调整 3.能够评估干预的过程、效应和结果 4.能够评估压力健康干预效果的质量，保障压力健康干预的先进性和科学性	1.压力健康危险因素干预的实施方法和流程 2.质量控制方法 3.压力健康干预评估的性质、目的和意义 4.压力健康干预评估的种类和方法
五、 指导与培训	（一） 理论培训	能够指导来访者进行理论疏导	1.现场教学法 2.现代教育手段和技巧
	（二） 操作指导	能够对来访者进行实际减压操作	

4.3 高级减压师

职业功能	工作内容	能力要求	相关知识
一、压力检测和分类	（一）信息分析与利用	1. 能够分析和确定个体压力健康需求 2. 能够分析和量化群体压力健康需求 3. 能够确认和解释压力健康检测结果 4. 能够分析个体和群体压力健康的发展趋势，提出解决方案	1. 压力健康分析和评估方法 2. 压力健康信息数据库的设计，建立与管理方法 3. 压力健康信息的比较与分析方法
	（二）人群监测方案制定与实施	1. 能够指导群体监测方案的制定 2. 能够审核群体监测方案 3. 能够组织和指导方案实施的质量控制 4. 能够评估监测方案，提出修订意见 5. 对群体进行一对多的集中减压释放、压力转化	1. 压力释放转换技术（一对多） 2. 压力平衡清理技术（一对多）
二、压力风险评估和分析	（一）群体风险评估	1. 能够根据压力健康危险因素确定不同群体的风险程度 2. 能够分析群体压力健康的风险趋势、提出评估报告	1. 群体压力健康管理分类原则 2. 群体压力健康风险评估方法
	（二）群体风险管理	1. 能够确定压力健康风险管理重点 2. 能够制定压力健康风险管理方法 3. 能够确定压力健康风险管理质量控制原则	1. 压力健康风险预测技术 2. 压力健康风险控制策略
三、压力健康指导	（一）压力健康教育	1. 能够审核压力健康教育计划 2. 能够编写压力健康教育教材 3. 能够评估个体和群体压力健康教育效果	1. 压力健康教育计划的评价 2. 压力健康教育的策略和方法 3. 压力健康教育材料和制作知识

	（二） 压力健康 维护	1. 能够制定压力健康维护计划 2. 能够组织和实施压力健康维护计划 3. 能够评估个体或群体压力健康改善的效果	压力健康维护的原则和方法
四、 压力危 险因素 干预	（一） 制定干预 计划	1. 能够评价和修正个体压力健康危险因素及干预计划 2. 能够根据压力健康群体需求评估结果，制定群体压力健康危险因素干预计划	群体压力健康危险因素干预计划的原则和方法
	（二） 实施与评 估	1. 能够制定计划实施原则 2. 能够制定评估方案 3. 能够根据评估结果提出改进建议 4. 能够分析干预法人成本、效果和成本、效益成本	健康危险因素干预的实施原则 1. 压力健康干预的效果评估 2. 质量控制知识 3. 成本效益分析
五、 指导培 训与研 究	（一） 指导培训	1. 能够指导初级减压师和中级减压师进行实际操作 2. 能够指导初级减压师和中级减压师进行理论培训 3. 能够编写《减压师》培训讲义	1. 培训方法 2. 培训讲义的编写方法
		1. 能够开发压力健康评估的工具 2. 能够开发压力健康维护的产品 3. 能够设计与实施减压管理技术应用的成效评估	1. 自然医学证据的分析与评价 2. 产品设计相关知识 1. 成本效益分析测量方法的知识 2. 研究设计常见的问题和注意事项
	（二） 专业研究	1. 能够进行文献检索和综述 2. 能够开展压力健康管理研究并撰写论文 3. 能够评估压力健康管理的技术和方法	1. 科学文献检索和综述方法 2. 科研设计和论文撰写方法 3. 压力健康管理技术的评价方法

5. 比重表

5.1 理论知识

项目		初级减压师	中级减压师	高级减压师
基本要求	职业操守	15	10	10
	基础知识	45	40	30
相关知识	心理学知识	10	10	5
	医学知识	5	10	10
	健康管理知识	5	10	5
	危险因素干预	15	5	10
	培训与指导、学术研究	5	15	30
合计		100	100	100

5.2 专业能力

项目		初级减压师	中级减压师	高级减压师
专业能力	压力健康监测	40	20	40
	压力健康风险评估和分析	20	40	10
	压力健康指导	20	10	10
	压力健康危险因素干预	10	10	10
	培训与指导、学术研究	10	20	30
合计		100	100	100

5.3 能力操作

项 目			比重（%）		
			初级减压师	中级减压师	高级减压师
技能要求	压力健康监测	接待礼仪	10	5	5
		信息收集	10	0	0
		信息录入	10	0	0
		信息上传和下载	10	0	0
		报告打印	5	0	0
		信息检索	0	5	5
		信息分析	0	5	5
		制定监测方案	0	5	5
		报告书写	0	5	5
		体格测量	5	0	0
		需求分析	0	5	5
		压力健康调查表设计	0	5	5
		体检方案设计	0	5	5
	压力健康风险评估与分析	危险因素解释	5	5	0
		报告解释	5	5	0
		评估工具使用	5	0	0
		压力健康趋势分析报告	0	0	5
	压力健康指导	电话随访和咨询	5	3	0
		信件和电子邮件随访	5	2	0
		面询随访和咨询	5	5	0
		示范与演示	10	5	5
		压力健康教育计划制定	0	5	5
		压力健康教育讲座	0	5	5

压力健康干预	生活方式计划制定	0	5	5
	运动计划制定	0	5	5
	异常情况处理	5	5	10
	压力健康干预工具使用	5	0	0
研究与开发	文献检索	0	5	5
	模型建立	0	0	5
指导与培训	培训讲义(含PPT)撰写	0	5	10
合计		100	100	100